地图空间信息度量的模型与方法

The Models and Methods of Map Spatial Information Measurement

刘慧敏　刘宝举　邓敏　樊子德　著

测绘出版社
·北京·

内容简介

地图空间信息度量是地图信息论的基本问题之一，本书在梳理和归纳国内外学者相关研究成果的基础上，系统地阐述了地图空间信息度量的发展起源、基本理论、模型方法和实际应用，重点探析了点状专题地图、线状专题地图、面状专题地图以及影像地图的空间信息度量原理与模型方法，以期推动地图信息论的深入发展和广泛应用。

本书适用于地理信息科学及相关专业的高年级本科生、研究生和研究人员使用。

图书在版编目（CIP）数据

地图空间信息度量的模型与方法 / 刘慧敏等著. --
北京：测绘出版社，2023.6
　　ISBN 978-7-5030-4473-1

　　Ⅰ. ①地… Ⅱ. ①刘… Ⅲ. ①地图信息—信息处理
Ⅳ. ①P283.7

中国国家版本馆 CIP 数据核字（2023）第 070307 号

地图空间信息度量的模型与方法
Ditu Kongjian Xinxi Duliang de Moxing yu Fangfa

责任编辑	巩　岩	执行编辑　安　扬	封面设计　李　伟	责任印制　陈姝颖		

出版发行	测绘出版社		电　话	010—68580735（发行部）
地　址	北京市西城区三里河路 50 号			010—68531363（编辑部）
邮政编码	100045		网　址	www.chinasmp.com
电子邮箱	smp@sinomaps.com		经　销	新华书店
成品规格	169mm×239mm		印　刷	北京建筑工业印刷厂
印　张	10.625		字　数	207 千字
版　次	2023 年 6 月第 1 版		印　次	2023 年 6 月第 1 次印刷
印　数	001—700		定　价	68.00 元

书　号	ISBN 978-7-5030-4473-1
审图号	GS（2023）1163 号

本书如有印装质量问题，请与我社发行部联系调换。

前　言

　　地图被认为是改变世界的十大地理思想之一,其制作和使用始终伴随着人类文明的发展过程。21世纪以来,随着遥感技术、地理信息系统技术、计算机技术、传感器技术的迅猛发展,人类进入具有大数据特色的信息化时代,诸多新兴信息技术也被应用于地图学领域,地图信息的获取更便捷、类型更丰富多样、处理更趋于实时、服务更灵活。目前,数字地图和电子地图已成为地理信息可视化的主流手段,地图展示更生活化、动态化、立体化。然而,作为"地理信息世界"与"人类认知理解"之间的重要媒介,地图借助人类所特有的空间格局感知能力传递地理实体及其周围地理环境的空间信息。地图的本质是向用户有选择地传递价值最大的地理信息,如何度量地图所载负的各类地理信息是评价地图制图质量、实现地图精准服务及探究现实空间地物与地图空间要素之间关系的关键问题。

　　本书结合笔者近十年来在地图空间信息度量方面的研究工作,并对国内外学者的相关研究成果进行了系统的梳理和归纳,试图从理论体系的高度和有机联系的角度全面阐述地图空间信息度量的发展起源、相关理论、模型方法和实际应用,重点探析了地图空间信息度量的基本原理及构建的方法模型,以期推动地图信息论的深入发展和广泛应用。同时,也希望本书能够为地理信息科学及相关专业的高年级本科生、研究生和研究人员提供全面了解和掌握地图信息论的途径,为进一步完善地图信息论奠定理论方法基础。

　　全书共8章。第1章阐述了地图信息论的起源、信息传输模型、基本问题以及地图信息度量的研究进展。第2章从信息学的角度详细介绍了信息的定义、内涵、度量方法,引申出地图信息的基本概念、地图信息的分类、地图信息度量的基本准则,以及各种类型地图信息度量模型。第3章探讨了节点空间信息度量的方法,提出了点状专题地图空间信息度量模型。第4章阐述了线要素空间信息度量的方法,结合线状专题地图的视觉认知过程,构建了线状专题地图空间信息度量模型。第5章提出了面要素空间信息度量的方法,并发展了面状专题地图空间信息度量模型。第6章描述了影像地图空间信息认知机制,分别从像元相关性和视觉特征两个角度构建了遥感影像信息度量模型。第7章阐述了地图空间信息论在地图综合、地图信息传输、影像质量评价以及影像地物分类中的应用。第8章详细总结了地图空间信息度量研究的主要进展,并对未来有待进一步深入研究的关键问题进行了展望。

　　为了使本书的主要内容更加具有系统性,便于读者更好地了解本领域的研究进展,笔者在撰写过程中参考和吸收了国内外众多专家学者的研究成果,尤其是香港理工大学李志林教授、武汉大学刘艳芳教授、北京师范大学高培超博士、赢时胜(北京)信息技术有限公司邓冰博士的研究工作,在此表示诚挚的感谢! 感谢早期在笔者研究团队的硕士生陈杰、徐震开展的研究工作和付出的辛勤劳动! 感谢硕士生裴新宇、徐方远在本书文献资料整理和书稿撰写过程中付出的努力! 本书的出版得到了国家自然科学基金项目(项目编号:41171351、41301515、41771492)的联合资助。同时,也得到了中南大学各级领导的关心和支持! 还有很多专家学者在研究过程中给予了热情指导和帮助,在此一并表示感谢!

　　地图空间信息度量研究已取得可喜进展,笔者基于所建立的一个基本研究框架对相关研究成果进行整理并撰写此书,试图为地图信息论的发展添枝加叶,促进地图信息论的理论研究与实践应用。虽然本书在内容上力求涵盖地图信息论领域研究的代表性模型和方法,以及最新研究工作,但受限于笔者的学识水平,难免存在纰漏和不足之处,诚望读者不吝赐教。

目　录

第1章　地图信息度量概述

1.1　引　言

地图拥有与人类文明同样悠久的历史,地图学随着人类对地球的深入认识而逐步发展。最初,人类采用最直接和形象的表示方法记录与描述他们耕作的生活环境及位置,形成了早期地图的雏形,如公元前 2500 多年古巴比伦人在陶片上绘制的地图、公元前 1000 多年古埃及人在草纸上绘制的金矿地图、公元前 2000 多年我国夏代的《九鼎图》。随着生产力的进步,人类对自然的改造能力大大提高,对所处环境的认识越来越深入,对越来越丰富的事物记录的需求也在逐渐扩展,从早期对地表环境事物的记录逐步发展到后期对地表和地表活动的记录,最初的直观形象方法不能满足后期记录的要求,从而发展了对记录对象的表示方法,形成了符号并逐步发展成后来的符号系统。与此同时,人类对地球的探索和认识不断深入,自身生存环境不断扩展,一方面从最早的"天圆地方"到"地圆说",再到"地球椭球体",另一方面更大范围甚至世界范围的地图则要求表示地球与图之间的对应位置关系,从而促生了地图投影相关理论的形成与发展。

随着地图投影、符号和概括三大问题的理论与技术的发展,地图的表达功能也逐步成熟,地图的生产与应用迅速普及。进入 21 世纪以来,对地观测技术迅速发展,大多数国家测绘事业已步入以数据获取实时化、数据处理自动化、数据传输网络化、数据服务社会化为特征的信息化测绘地理信息体系建设新阶段。测绘遥感信息技术的发展为地图生产提供了丰富的数据来源,特别是近年来出现的激光扫描、合成孔径雷达干涉测量、高光谱遥感、无人飞行器低空遥感、数字摄影测量和传感器技术,也为地图的批量生产和实时更新提供了空间数据保障。在多源地理空间数据的基础上,已衍生出导航地图、三维地图、室内地图、全景地图等众多地图产品,并广泛应用于城市土地扩张、智能交通规划、企业物流配送、商铺店面选址、个人路径推送等城市发展的各个方面。地图大数据资源也是智慧城市信息化建设的基本内容,已成为大数据平台及大数据资源的核心组成部分。其实,地图早已融入人们的日常生活,例如,人们要到一个相对陌生的地方出差或旅游,先想到的是通过地图了解要去地方的位置、与当前所在地的距离、到达路线、路途需要的时间及中途经过的地方等。人们还可以从地图上了解目的地的一些地理及人文情况,如周边景点、酒店、交通设施、购物中心等。因此,地图不再局限于政府决策部门和测绘地理信息工程应用,已广泛渗透到人类社会活动的各个方面。随着电子地图、网络地图、数字地图、泛在地图等信息时代制图产物的快速发展,地图已成为记录地理空间现象的绝对主导工具。

目前,世界各国(尤其是一些大国)已经建立了多种比例尺的地图数据库。例如,我国已建成全国1∶100万、1∶25万和1∶5万的地图数据库,大部分省(区)已完成1∶1万地图数据库,许多城市1∶2 000、1∶1 000或1∶500的地图数据库已基本建成。这些多比例尺地图数据库一方面已成为构建数字中国、数字省(区)和数字城市的重要基础;另一方面也为从宏观到微观的规划、决策和管理提供了详尽的基础地理信息。但是,如何衡量这些多尺度地图产品的合格性和维护这些多尺度地图的现势性已成为两个迫切需要解决的问题。对于前者,虽然已有一些质量评价指标,如位置精度、属性精度、一致性等,但并没有从地图信息论的角度研究、分析不同尺度地图的信息载负能力以及它们之间的信息传递状况,也没有建立相关评价标准和描述指标。对于后者,在进行级联更新时,需要判断什么类型的信息必须从较大比例尺地图中选取,以及确定如何计算信息量的变化程度。不难发现,解决这两个问题的基础是构建合理的地图信息度量模型和计算方法。

1.2　地图信息的传输模型

"信息"一词最早来源于通信理论,用以刻画通信传输过程中发送信号和接收信号之间的传输情况。因此,对于"信息"或"信息度量"的理解,需要追溯到通信传输模型。通信传输模型将一个通信系统分为信息发送方(即信源)、信息接收方(即信宿)、信息传输通道(即信道)三个部分。信息论所研究的通信系统基本模型如图1.1所示。

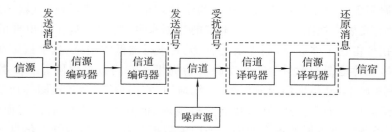

图 1.1　通信系统基本模型

信源是指产生消息或消息序列的源,而消息通常由一些随机的符号序列或时间函数组成。这些符号或函数的取值服从一定的统计规律,因而信源的数学模型可视为一个离散的随机序列或连续的随机过程。信源编码器将信源产生的消息转换为数字序列。信道在实际通信系统中是指传输信号的媒介或通道,如光纤、电缆、电磁波等；在信息论模型中也把发送端和接收端的调制、解调器等归入信道，并把系统中各部分的噪声和干扰都归入信道。信道编码器把信源编码、输出的数字序列变换成适合信道传输的、由信道入口符号组成的序列。信道编码器最主要的作用是为其输出序列提供保护，以抵抗信道噪声和干扰。信道译码和信源译码分别是信道编码和信源编码的反变换。信宿是消息的接收者，即消息的归宿。

同样，地图是地理环境信息的载体和传输的工具，制图者通过地图不断地把地理环境信息提供给用图者，即制图者与用图者通过地图进行信息传输。因此，地图信息传输就是指地理环境信息在地图上的选择表示和符号化，并被使用者认识和解译的过程。早在20世纪50年代，美国学者Robinson（1952）就将地图作为一种信息传输的工具来考虑，从而把制图和用图联系起来。1969年，捷克制图学家Kolácný把信息的概念引入地图制图学，地图的这种传输信息的功能在制图学界产生了巨大影响，学者们在此基础上提出了各式各样的地图传输模型，开创了现代地图学的一个新领域——地图信息传输理论（也称地图信息论）（Kolácný，1969），并将制图综合理论、地图信息论、地图感知论、地图模型论、地图符号学列为现代地图学理论的基本内容（Sukhov，1967）。尤其是随着21世纪信息化、网络化时代的来临，地图信息论的研究已经开始从理论向实践快速发展，如地图空间信息传输效率和控制（田晶 等，2010）、移动地图服务（Bjørke，2003；陈军 等，2009）、地图综合算法及性能评价（Bjørke，1994）、地图空间信息服务与质量评价（吴华意 等，2007）等。因此，地图信息传输理论很大程度上改变了人们对传统地图和地图学的认识，一方面使地图能够发挥更大的作用，另一方面也更好地促进了地图学的发展。

图1.2具体阐述了捷克地图学家Kolácný（1969）提出的一个具有代表性的地图传输模型。在这个模型中，地图制作与使用过程中的各种复杂行为简化为地理信息在通信系统中的输入、传递与输出。可以发现，在地图传输模型的发送端，制图者对自身所掌握的地理信息进行符号化（编码）并绘制成地图；位于接收端的地图用户从地图中解译符号（解码）、解读地图，接收地图中包含的地理信息，从而形成一个完整的信息传输过程。地图是发送端和接收端之间信息传输的载体与通道，而编码和解码则分别是绘制地图和使用地图的核心任务。一方面，为了尽可能地消除通信系统中信号失真带来的不良影响，制图者在地图的设计和绘制过程中以如实反映现实世界为原则，尽量减少误差，力求实现制图的准确、清晰和规范；另一方面，用户对地图的解读也是信息传输系统的一个关键因素。因此，从制作到使用，从客观描述到人的认知，地图都发挥着信息载体和信息传输的功能，而如何科学地度量地图所载负的信息量以及信息传输效率（如在地图综合过程中）则是现代地图学一直关注的一个重要研究方向。

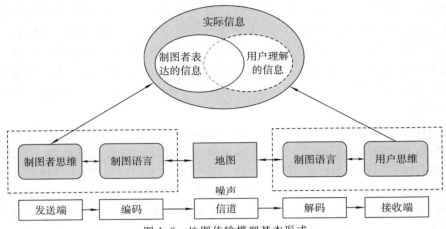

图 1.2　地图传输模型基本形式

近十年来,一些学者将地图信息论应用于地图综合质量评价(Yan et al,2008;武芳,2009)。实质上,地图综合的过程是一个地图信息由大比例尺向小比例尺传输的过程(邓敏 等,2010a),并且地图综合过程直接决定了输出地图的质量,如图 1.3(a)所示。大比例尺地图的信息经过地图综合传输到小比例尺地图上,在这个过程中,一方面会有信息的损失,另一方面综合算法对数据进行加工时也会产生新的信息,其信息量的变化关系如图 1.3(b)所示。由此可见,地图综合质量的评价在根本上是信息传输过程的有效性评价。

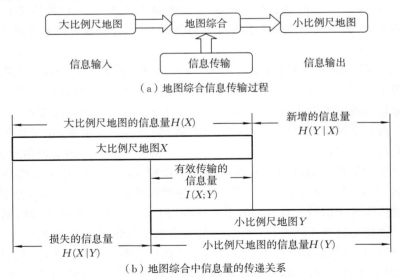

(a) 地图综合信息传输过程

(b) 地图综合中信息量的传递关系

图 1.3　地图综合信息传输过程及信息量的关系

在地图信息论的发展和应用实践中,最基本的问题是如何科学地定义、描述和度量地图所载负的信息。正如 Kolácný(1969)、Sukhov(1970)、Neumann(1994)、祝国瑞等(1995)、王家耀(2007)所论述的,地图所载负的信息来源于地图数据,但又有别于地图数据。地图信息的描述和度量是地图信息论的一个最基础的问题,也是现代地图制图学与地理信息科学领域的一个重要研究课题。

1.3　地图信息论的基本问题

地图信息论脱胎于信息论,服务于地图学,同时又与测绘、遥感、地理信息系统、地图制图等众多学科紧密相关。地图信息论是在地图学研究和实践过程中产生的,从最初借鉴信息论相关理论方法到深入考虑地图空间的具体实际问题,逐步发展为具有鲜明自身特色的地图信息论。纵观地图信息论的发展历史,其研究可以高度概括成三个基本问题:地图信息内涵、地图信息度量和地图信息认知。

1.3.1　地图信息内涵

关于地图信息内涵的基本问题就是如何定义地图信息以及地图信息包含哪些内容,从而为地图信息度量和应用奠定基础。地图信息论衍生于信息科学,在通信领域,不同学者对“信息”有不同的理解,从早期被视为“通信”“消息”,到香农(Shannon)认为信息是“事物运动状态或存在方式的不确定性描述”,人们一直在尝试从不同层次和不同内容等视角揭示信息本质。从地理学角度来看,地图是记录、表达和传输地理空间信息的工具,地球上山河海陆等不同地物的分布是地图数据的来源。然而,地图信息有别于地图数据,地图上的一个符号不能简单地等同于一个信息单元。根据信息论对信息的理解,并结合地图学的特殊性,众多学者对地图信息的内涵进行了深入探讨,提出了地图信息具有地物的不确定性、地图符号的不确定性、空间分布的差异性和人类识图的不可认知性等论断。为了全面理解地图信息的本质,本书从信息的基本概念入手,在详细阐述信息的定义、类型等内容的基础上,对地图信息的内涵进行解读并给出本书对地图信息的定义。

1.3.2　地图信息度量

地图信息度量就是研究地图所载负信息的量化问题。地图作为地理信息的一种传输工具,其载负的各种要素符号、符号分布、拓扑结构、聚集关系,甚至更深层次的经济发展、风俗习惯、产业结构等推断信息,都属于地图信息的范畴。如何从地图信息产生的本质入手,顾及地图要素的多样性、差异性及空间分布特征,以及准确捕捉地图传输的信息量,是地图信息论要解决的核心问题之一。众多学者已针对地图信息度量问题进行了大量探索,提出了诸多地图信息度量模型,但不同内容、不同层面地图信息度量方法缺乏统一的量化框架,缺少统一的度量标准与规范体系,从而导致不同度量方法的量化结果不具有可比性,甚至同一度量模型针对不同类型地图信息的量化结果也没有很好的可比性。本书从香农熵度量方法出发,分别总结矢量和影像地图信息度量的基本准则,详细回顾了几十年来地图信息度量方法及其发展过程,并结合笔者多年来对地图信息的研究工作,重点阐述笔者所提出的不同类型地图信息度量方法,以期能够帮助读者深入理解"地图信息度量"这一基本问题。

1.3.3　地图信息认知

地图信息论为各种涉及地图、遥感影像的行业应用提供了新的方法论,而这些行业的发展都不同程度地为地图信息论提供了新的需求方向。在地图制图领域,地图信息论较多地应用于地图尺度变换、地图要素化简、综合算法性能评价、地图综合质量评价等多尺度表达与地图综合方面,这些应用都是为了使用户更加方便、尽可能多地获取地理信息,以契合地图更好地表达、传输地理信息的目的。近年来,越来越多的学者开始关注人眼识别地图的信息获取过程,地图信息的认知机制逐渐成为地图学研究的热点问题之一。已有学者从人类视觉机制入手分别探讨了矢量地图、影像地图的信息度量方法,但仍没有准确揭示人类认知地图信息的规律。为了帮助读者更加深刻地认识这一基本问题,本书阐述了近年来学者们提出的基于视觉机制的地图信息度量方法,针对不同类型的专题地图分别提出了符合人眼识图过程的地图信息度量模型,并结合制图综合、影像质量评价给出相关示例,以期能够启发读者对地图信息认知机制的思考。

1.4　地图信息度量的研究进展

从信息论创立伊始,信息度量(或测度)就一直是信息论的一个重要研究方向。该方面的突破性进展还要追溯到香农熵概念的提出。1948 年,美国学者香农在其著名的论文"A Mathematical Theory of Communication"中提出了信息熵这一基于概率论的信息度量方法,给出了信息度量的数学表达模型,奠定了现代信息论的基础(Shannon,1948)。香农认为信息熵就是信源的不确定性测度,即为消除不确定度需要获得的信息量。为此,香农用概率测度和数理统计的方法系统地讨论了通信的基本问题。如果信源输出的消息数是有限的或可数的,而且每次只输出其中一个消息,那么信息就可以模拟为一个概率过程,并且可以用信息熵来计算信息的含量。1972 年,De Luca 首先研究了纯模糊性所引入的不确定性,并将香农熵的概念移植到模糊集上,建立了非概率的模糊熵。几乎与此同时,研究者们也已开始将香农熵引入制图学领域,采用香农熵模型结合空间数据的语义内涵建立了各种地图信息度量方法。自 1980 年以来,地图信息度量成为现代地图学和地理信息科学的一个基础研究问题,越来越受到学界的关注,成为信息时代地图学与地理信息科学研究的热点之一。

　　有关地图空间信息度量的研究,许多学者从不同角度、不同层次提出了地图空间信息分类和计算方法,并取得了一些比较有代表性的研究成果。国际上,Sukhov(1967,1970)引入香农熵的概念来计算地图的信息量,他先统计地图中各种符号出现的次数,计算各种符号出现的概率,然后利用香农熵来计算地图的信息量。Neumann(1994)提出了一种顾及拓扑信息的地图信息量计算方法。该方法先对拓扑信息进行了细化和分类,然后再依据拓扑关系类型赋予地物符号不同的概率,并计算其信息量。随后 Bjørke(1996)对 Neumann 提出的拓扑结构信息度量从整体和细节方面进行了改进。Li 等(2002)在上述研究的基础上提出了基于沃罗诺伊(Voronoi)图的空间信息度量方法。该方法首先对地图进行德洛奈(Delaunay)三角剖分,生成一个由 Voronoi 区域构成的二维图形空间,其中每个Voronoi 区域包含一个地图符号,然后根据地图符号的 Voronoi 区域的面积占地图总面积的比例替代该地物符号出现的概率,并依然采用经典的香农熵表达式计算每种类型信息的信息量。Harrie 等(2010)将地图信息度量划分为地图目标信息度量和地图目标分布信息度量。前者包括空间目标个数度量、空间目标点个数度量、空间目标线长度度量和空间目标面积度量;后者包括空间目标分布度量和空间目标点分布度量。Gao 等(2017)借鉴热力学中分子在容器内的微观运动模式,结合玻尔兹曼(Boltzmann)熵提出了影像的结构熵度量模型,计算得到的遥感影像信息量化结果与人类视觉认知相符。

　　在国内,许多学者也在 20 世纪 80 年代就开始关注地图信息度量的研究。祝国瑞等(1985)提出了居民地要素语义信息的测度方法。何宗宜(1987)、邹建华(1991)分别研究了直接信息中位置信息、注记信息和语义信息的计算方法。偶卫军等(1988)综合考虑制图要素的多样性、差异性、复杂性和重要性,提出了一种综合特征值量测地图信息量的方法。刘宏林(1992)在对地球信息科学含义探索基础上,提出了一种度量地图信息的综合指数法。随后,何宗宜(1987)、何宗宜等(1996)系统地阐述了基于信息论计算地图信息、不同时相地图信息变化量以及地图综合程度的方法。王少一等(2007)和王昭等(2009)将地图视为一个复杂的认知系统,发展了基于空间认知的地图几何信息的定量计算方法。该方法顾及了空间目标的多类型和多级别特征,因而也是一种基于加权 Voronoi 图的几何信息度量方法。刘文锴等(2008)以等高线地图为研究对象,提出了基于 Voronoi 图的几何信息度量方法和基于等高线树的拓扑信息度量方法,并以 1∶5 万和 1∶25 万等高线数据进行了实验分析。王红等(2009)以国家地形数据库中的道路层为例,基于信息论研究了道路数据的统计信息、几何信息、拓扑信息和专题信息的度量方法。吴华意等(2007)发展了一种栅格地图信息计算方法,并建立了地图数据量与信息量之间的非线性关系,从而能更好地提高地理信息服务质量。程昌秀等(2006)通过实验验证了由栅格地图信息量计算方法得到的信息量与人所认知的信息量间有一定的线性关系。林宗坚等(2006)探讨了地理信息系统(GIS)图形数据与遥感影像数据的信息量估算方法。王郑耀等(2005)从图像视觉特征的角度提出了图像尺度空间信息度量方法。王雷(2005)和张茜(2006)研究分析了黄土丘陵沟壑区不同比例尺数字高程模型(digital elevation model,DEM)地形信息(包括地面坡度、剖面曲率)的容量及其随尺度的变化规律。还有学者研究了曲线简化中点的信息度量方法(邓敏 等,2009)、面状地图的信息度量方法(陈杰 等,2010),以及不同比例尺地图空间目标几何信息的传递模型(邓敏 等,2010a;刘慧敏 等,2012)。

　　综上分析可以发现,自 Sukhov 将香农熵的概念引入地图空间信息度量以来,地图信息度量经历了 50 多年的发展,其发展历程可以分为三个阶段:①基于概率统计的地图信息度量;②基于空间分布的地图信息度量;③基于空间认知的地图信息度量。其中,20 世纪 60 年代以来发展的概率统计信息度量作为经典的信息量化模型,已经成为非常有影响力的地图信息度量模型,极大地推动了我国地理信息科学领域空间信息量化的发展,其研究成果广泛应用于地图制图、资源环境、遥感信息处理等诸多方面。20 世纪 90 年代,Neumann(1994)率先提出了基于香农熵的地图拓扑信息度量方法,标志着地图要素空间关系开始受到学者的重视,发展了地图空间分布与专题信息度量模型(Bjørke,1996;Li et al,2002),后续这些度量模型也被拓展应用于遥感影像空间信息度量,由浅层次的像元概率统计信息逐步向要素拓扑信息、专题属性信息等深层次信息度量发展(林宗坚 等,2006;王占宏,2004;邓冰,2009;王红 等,2009;张盈 等,2015)。近年来,学者们开始重新审视基于香农熵度量的地图信息量能否真实反映人类视觉机制所获取的空间信息,并尝试在新的信息度量理论支持下揭示人类识别地图的视觉认知过程,从而引发了基于空间认知的地图信息度量(Wu et al,2004;Harrie et al,2010;刘慧敏 等,2012,2014)。总而言之,地图信息度量模型不断在发展完善,并已在空间信息服务等应用方面发挥着重要作用。

第 2 章　地图信息度量基础

2.1　引　言

众所周知,信息是物质世界的基本属性之一,广泛存在于人类的生活中。人们每天通过电视、网络等各种媒体获取、加工、传递、利用大量的信息,如通过天气预报获取气象信息,合理地安排生产、生活。在行政工作中,看材料、学文件是获取信息,做决策、批文件是处理信息,做指示是传递信息。由此可见,信息来源于客观世界,通过载体负载能为人们所感知,并具有可利用价值。

同样,地图信息也来源于客观世界,表达的是现实世界地理实体(或现象)空间位置及其分布情况,通过地理空间数据来表达,如空间位置数据(即坐标)、属性数据以及拓扑关系数据,即地图信息载负于地图数据。考虑数据获取、存储、处理等方面的误差及不确定性,并不是所有数据都是正确的,于是,通常认为有用(或正确)的数据才具有信息,无用(或错误)的数据不具有信息,也称为噪声。对于有用的数据,其载负的信息量也可能不一样。例如,对于一条曲线,一些节点(如转折点)载负的信息量大,而另一些节点载负的信息量小。在进行地图综合时,尽可能保留信息量大的节点,删除信息量小的节点。因此,如何科学地度量地图数据所载负的信息量是一个非常重要的基础问题。

目前,对地图数据所载负信息量的度量(简称"地图信息度量")已有一些分门别类的研究,主要包括不同类型地图信息(如拓扑信息、几何位置信息、专题信息)的度量和不同层次地图信息(如地图要素的信息、地图要素分布的信息)的度量等。归纳发现,这些已有研究都不同程度地涉及地图信息的定义、分类、度量准则以及度量模型(或方法)等问题。鉴于此,为了建立合理的地图信息度量模型和方法,本章将系统地阐述这些问题,这也是后续章节研究工作的理论基础。

2.2　信息论

2.2.1　信　息

1. 信息的定义

信息的概念始于通信领域,是在人类互通情报的实践中产生的。目前,学术界关于信息概念的理解各异,不同领域信息的内涵不同。

在信息科学领域，对"信息"一词的概念有多种理解。早期的信息被视为"通信""消息"。随着信息论的诞生，人们尝试从不同视角、不同层次和不同内容揭示信息本质。信息论创始人香农给出的信息定义为：信息是事物运动状态或存在方式的不确定性的描述。

在通信领域，对信息的研究建立在对事物的抽象上，撇开信息的实用价值和物理形式，强调信道的传输能力和抗干扰能力等效率特性。因此，通信理论对信息的这种理解并非以信息内容和接收者为着眼点，而是以外部观察者的观点进行抽象。事实上，对于接收者而言，之所以构成信息，正是因为接收者对收到的信息有其自身的理解，进而达到控制或响应的目的。随着科学技术的发展，信息概念不再局限于通信领域，已逐步拓展到控制论和认识论等其他领域。

在控制论领域，信息的含义包括了接收者对事物的响应。从这个角度来讲，信息接收者对接收的信息做出自身的解释和选择，并据此调节和控制内部。因此，信息具有一定的指令意义，并且只有能被接收者解释的信号才具有信息意义。

在认识论领域，每个人对接收信号的理解能力与认知方式各异，相同的信号对于不同的接收者有不同的含义，这是认识论中信息概念的出发点。相比于控制论，认识论中的信息概念得到进一步精化。信息是对客观对象若干方面的反映，通过媒介与作为接收者的人的感官相互作用进入人的认识，只有对人具有语义含义及实用的不变量才具有信息意义。认识论中的信息是现代信息理论中的最高层次，它揭示主体认识与客体现实的同一个不变量，以及如何避免谬误的产生。

在语言文学领域，从不同的角度将信息分别描述为：①信息就是谈论的事情、新闻和知识（《牛津辞典》）；②信息就是在观察或研究过程中获得的数据、新闻和知识（《韦氏词典》）；③信息是所观察事物的知识（日本《广辞苑》）；④信息是通信系统传输和处理的对象，泛指消息和信号的具体内容与意义，通常需通过处理和分析来提取（《辞海》1989 年版）。分析发现，在语言文学中对信息的描述侧重于"数据"和"消息"概念。

从以上各个领域对信息的定义可以看出，一种是倾向于用信息的单一性质对信息进行定义，缺乏全面性和严密性；另一种是倾向于宽泛且无所不包的定义，缺乏针对性和实际意义。意大利学者 Longo（1975）认为信息是反映事物的形式、关系和差别的东西，它包含在事物的差异之中，而不在事物本身，即认为信息源自事物的差异性这一属性。我国学者刘长林（1985）提出"信息是被反映的事物属性"，认为信息是两个反映过程的产物：①产生信息的本源是多种多样的现实事物的属性，最初的信息是外界事物刺激人或生物的感觉器官或技术装置的传感器的产物，即对客体的反映；②当信息从一个物体向另一个物体传输时，其实质上是一个物体的特性在另一个物体中的再现。陈国能（2004）研究认为信息的本质是自然界的物质、能量、知识（或意识）对信息受体的映射，他指出自然界的信息分为两类，即映射自然界物质与能量存在的"源信息"和信息处理系统输出的"知识信息"。

信息的定义应遵循两个基本原则：①信息具有可被认知性；②信息具有价值性。第一个原则明确了信息与"数据"的区别，第二个原则明确了信息与"消息"的区别。结合信息定义遵循的这两个基本原则，本书将信息定义为：信息是能被认知的客观世界的差异性的反映。例如，颜色是由于光波作用于人的视觉神经而被人认知，不同波长的可见光波让人获得不同颜色的视觉认知。例如，纯白的空间会让人视而不见；暮色下马路上行走的人很容易掉入马路旁的水塘，就是因为水和路面反射的光波非常接近。又如，当人发出恒定而持续的声音"啊——"时，人们无法从中获取信息，因为它没有差异；当人发出抑扬起伏的声音时，就能表达某种听觉信息，如"啊↘"表示感叹，"啊↗"表示疑问（霍国庆，1997；陈雪，2006）。"入芝兰之室，久而不闻其香"也说明只有具有能被认知的差异性才有信息。

2. 信息的分类

在信息科学领域，信息通常分为三类，即语法信息（syntactic information）、语义信息（semantic information）和语用信息（pragmatic information）（刘宏林，1992）。语法信息是表述事物运动状态或存在方式的结构和相互关系的信息，语义信息是表述这些运动状态或存在方式的结构和相互关系的含义的信息，而相应的价值信息称为语用信息。信息的这种分类方法得到了较为普遍的认可和沿用。此外，也可将信息分为直接信息与间接信息、广义信息与狭义信息，以及有效信息、相对信息等。直接信息是事件本身的信息，间接信息是由事件可以分析得出的信息。广义信息是指同时考虑事件的随机性和模糊性双重不确定性的信息，狭义信息是仅考虑事件的随机不确定性的信息。有效信息是传输过程中信源与接收方的量与质统一的度量信息，相对信息是将信息、信源、信息使用者作为一个有机整体考虑，由此导出与观察者相关的若干变量以及相对于另一个观察者的信息。结合信息定义可以发现，现有信息分类方法没有很好地顾及信息的客观性、可度量性等特性。

鉴于此，陈国能（2004）将信息分为"源信息"和"知识信息"，并引用这样一个案例：一辆正常行驶的汽车突然翻滚并冲出路基，目击者的大脑中会马上产生这样的"知识"或"意识"——"出车祸了！"。他认为目击者见到和听到的汽车翻滚影像与碰撞声音即为映射汽车出事过程的源信息，其直接作用于目击者的传感系统。目击者头脑产生的"车祸"认识只能称为"知识"，将这种"知识"通过某种形式（语言或文字）向系统外部输出时便构成信息，称为"知识信息"。这种论述比较清晰地将"感知"和"推理"区分开，其所指的"源信息"一方面对信息的存在性进行了很好的诠释，另一方面也对信息的客观性进行了具体说明。然而，他所提的"知识信息"是信息接收者对信息进行加工处理获得的知识输出，那么对于知识输出的接收者而言，事实上还是属于"源信息"的范畴。容易发现，信息概念强调了有价值性，也意味着信息是相对于接收者而言的，而接收者是通过感知获得信息，不是通过推理。

因此,鉴于信息的存在性、客观性和可度量性,根据信源的差异性对信息进行分类是非常科学合理的。

2.2.2　信息度量

1. 信息量

信息量是对信息特征的一种统计描述,是一个统计量。最早关于信息量的论述要追溯到 1928 年,Hartley(1928)把信息理解为选择通信符号的方式,他用选择的自由度定量测度信息量,并认为发信者选择的自由度越大,发出的信息量就越大。考虑通信过程的不确定性,香农将信息解释为事物不确定性的描述(Shannon,1948),并认为信息量是获得事物状态后解除的不确定度,其大小与事物的信息熵相等。随后,Ashby(1956)将"以 2 为底的任何一个集合所包含元素数目的对数"定义为该集合的变异度,并用变异度作为信息量的测度。

不难发现,信息度量都是基于信息的定义而提出的。针对 2.2.1 节提出的"信息是能被认知的客观世界的差异性的反映"这一定义,本书描述信息量为:信息量是被认知的客观世界的差异性程度,而信息度量即是对这种差异性程度的量化。

2. 熵

熵最早是于 1864 年由物理学家克劳修斯(Clausius)在《热之唯动说》中提出的用以表示物质热状态的物理量。1865 年,表征热力学过程进行方向的物理量正式被命名为熵,它是热力学中的一个状态量。采用经典的方法,可以证明熵 S 与热力学概率 W 的关系为 $S = k\ln W$(k 是玻尔兹曼常量),这表明了宏观量熵和微观量概率的关系。1945 年薛定谔将熵引入生物学领域。香农(Shannon)于 1948 年和 1949 年分别发表了《通信的数学理论》和《在噪声中的通信》,将熵成功引入信息论。1973 年,Morocho 和 Espildora 首次应用边际熵和条件熵评价系统数学模型优度。目前,熵的概念已被广泛应用于热力学、化学、生物学、信息论和决策论等领域。

分析发现,熵在不同领域具有不同的含义。在物理学中,熵的数值等于热能除以温度,其物理含义是热量转化为功的程度。在自然科学中,熵用来描述、表征系统不确定程度的函数。在社会科学中,熵用来借喻社会的某些状态的程度。目前已有百余种熵,根据其反映的系统的范围、层次、特性等,熵可以分为热力熵、生物熵和统计熵。下面详细阐述基于香农的信息定义计算信息量的过程。

Shannon(1948)在《通信的数学理论》中将信息定义为离散随机事件的出现概率,通过使用概率方法,奠定了现代信息论的基础。在离散情况下,信源的数学模型就是一个概率空间,a_1, a_2, $\cdots$, a_i, $\cdots$, a_q 为信源可能的消息(符号),$p(a_i)$ 为选择信源符号 a_i 作为消息的先验概率,即

$$\begin{bmatrix} X \\ P \end{bmatrix} = \begin{bmatrix} a_1 & a_2 & \cdots & a_i & \cdots & a_q \\ p(a_1) & p(a_2) & \cdots & p(a_i) & \cdots & p(a_q) \end{bmatrix} \tag{2.1}$$

式中，$\begin{bmatrix} X \\ P \end{bmatrix}$ 表示信源的概率空间，$X = \{a_1, a_2, \cdots, a_i, \cdots, a_q\}$ 为信源样本空间，$P = \{p(a_1), p(a_2), \cdots, p(a_i), \cdots, p(a_q)\}$ 为信源概率。

如果知道事件 a_i 已发生，则该事件所含有的自信息 $I(a_i)$ 定义为

$$I(a_i) = -\log p(a_i) \tag{2.2}$$

式(2.2)代表两种含义：一种是事件 a_i 发生以前，表示 a_i 发生的不确定性；另一种是事件 a_i 发生以后，表示 a_i 所含有的信息量。或者说，通信前表示不确定性在概率空间 $\begin{bmatrix} X \\ P \end{bmatrix}$ 中，通信后表示不确定性被缩小至状态 $I(a_i)$。自信息对数取 2 为底，单位为比特(bit)。

香农定义自信息的数学期望为信源的平均信息量，即信息熵 $H(X)$ 为

$$H(X) = E(-\log p(a_i)) = -\sum_{i=1}^{n} p(a_i) \log p(a_i) \tag{2.3}$$

式中，$\sum_{i=1}^{n} p(a_i) = 1$，并且规定 $0 \cdot \log(0) = 0$。式(2.3)为信源的信息熵，代表了信源输出后每条消息所提供的平均信息量，或信源输出前的平均不确定性。信息熵 $H(X)$ 是从平均意义上表征信源的总体特征的一个量。对于发生时间概率为 1 的必然事件，即 $p(a_i) = 1$ 时不存在不确定性，即有 $H(X) = 0$；当 n 条消息等概率出现时，信息熵达到最大值，这就是最大信息熵定理。不难发现，熵函数具有如下性质。

1)非负性

非负性的函数表示为

$$H(X) = H(p_1, p_2, \cdots, p_n) \geqslant 0 \tag{2.4}$$

只有在 $p_i = 1$ 时，等号成立。当 $0 < p_i < 1$ 时，$\log p_i$ 是一个负数，因此熵是非负数。

2)对称性

熵函数所有变量可以互换，并且不影响函数值，即

$$H(p_1, p_2, \cdots, p_n) = H(p_2, p_1, \cdots, p_n) = H(p_1, p_n, \cdots, p_{n-1}) \tag{2.5}$$

这是因为熵函数只与随机变量的总体结构有关。例如，相同的信源熵为

$$\left. \begin{aligned} \begin{bmatrix} X \\ P \end{bmatrix} &= \begin{bmatrix} x_1 & x_2 & x_3 \\ 1/3 & 1/3 & 1/3 \end{bmatrix} \\ \begin{bmatrix} Y \\ P \end{bmatrix} &= \begin{bmatrix} y_1 & y_2 & y_3 \\ 1/3 & 1/3 & 1/3 \end{bmatrix} \\ \begin{bmatrix} Z \\ P \end{bmatrix} &= \begin{bmatrix} z_1 & z_2 & z_3 \\ 1/3 & 1/3 & 1/3 \end{bmatrix} \end{aligned} \right\} \tag{2.6}$$

3）确定性

确定性的函数表示为 $H(0,1)=H(1,0,\cdots,0)=0$，这表明只要信源符号表中有一个符号的出现概率为1，信源熵则等于零。在概率空间中，如果有两个基本事件，其中一个是必然事件，则另一个是不可能事件，因此没有不确定性，熵必为零。当然，也可以类推到 n 个基本事件构成的概率空间。

4）香农辅助定理

对于两个任意 n 维信源概率 $P=(p_1,p_2,\cdots,p_n)$ 和 $Q=(q_1,q_2,\cdots,q_n)$，下列不等式成立，即

$$H(p_1,p_2,\cdots,p_n)=-\sum_{i=1}^{n}p_i\log p_i \leqslant -\sum_{i=1}^{n}p_i\log q_i \qquad (2.7)$$

这表明，任一概率分布 p_i 对其他概率分布 q_i 自信息量的数学期望必大于等于 p_i 本身的熵，并且仅当 p_i 和 q_i 的概率分布完全相同时等号成立。

5）最大熵定理

离散无记忆信源输出 M 个不同的信息符号，当且仅当各个符号出现概率相等时，即 $p_i=1/M$ 时，熵最大。因为各个符号的可能性相等时，不确定性最大，表达为

$$H(X)\leqslant H\left(\frac{1}{M},\frac{1}{M},\cdots,\frac{1}{M}\right)=\log M \qquad (2.8)$$

6）条件熵小于无条件熵

条件熵 $H(Y|X)$ 小于信源熵 $H(Y)$，即 $H(Y|X)\leqslant H(Y)$。两个条件下的条件熵小于一个条件下的条件熵，于是有 $H(Z|X,Y)\leqslant H(Z|Y)$。离散概率空间中，联合事件集合 X 和 Y 同时发生的不确定度小于信源熵之和，即联合熵 $H(X,Y)\leqslant H(X)+H(Y)$。当且仅当两个集合相互独立时取等号，此时可得联合熵的最大值，即 $H(X,Y)_{\max}=H(X)+H(Y)$。

维纳 1948 年在《控制论》中也给出了一个信息量的计算方法，表达为

$$I=\sum_{i=1}^{n}p_i\log p_i \qquad (2.9)$$

与式(2.3)对比可以看出，该信息量与香农熵仅差一个负号。分析这两种计算方法可发现，香农把信源发送何种消息的不确定性看作信源本身的特性，而维纳则认为这种不确定性是信宿对信源状态估计的特征。从这个意义上，不确定性就是信宿对信源认识的熵，简而言之，是信宿的熵。当信宿收到一个确定的消息时，信宿的熵就被消除了，在这种情况下消除信宿熵的信息实质上就是负熵。也就是说，信息量(互信息)是信息熵(不确定性)的减少量。进而，可以发现信息熵是以统计熵模型为基础的，用于表示信源的不确定性。当信息熵中的概率为条件概率时，衍生出条件熵。

3．互信息

在概率论和信息论中,两个随机变量的互信息或转移信息是对变量间相互依赖性的量度。不同于相关系数,互信息并不局限于实值随机变量,它更加一般且决定着联合分布和分解的边缘分布的乘积的相似程度。两个离散随机变量 X 和 Y 的互信息可以定义为

$$I(X;Y) = H(X) + H(Y) - H(X,Y) \tag{2.10}$$

式中, $H(X)$ 和 $H(Y)$ 是边缘熵, $H(X,Y)$ 是 X 和 Y 的联合熵,定义为

$$H(X,Y) = -\sum p(x,y)\log p(x,y) \tag{2.11}$$

式中, $p(x,y)$ 是两个随机变量的联合概率。

4．条件熵

条件熵是信息论中信息熵的一种度量,定义为 X 发生时,随机变量 Y 的信息熵的大小,用 $H(Y|X)$ 表示。已知随机变量 X 与 Y 的熵分别为 $H(X)$ 与 $H(Y)$,其联合熵为 $H(X,Y)$,当 X 的发生可以完全确定 Y 时, $H(Y|X)=0$。相反,当 X 与 Y 是独立的随机变量时, $H(Y|X)=H(Y)$。下面具体推导联合熵与条件熵的关系式,即

$$
\begin{aligned}
H(X,Y) &= -\sum_i \sum_j p(x_i,y_j)\log p(x_i,y_j) \\
&= -\sum_i \sum_j p(x_i,y_j)\log(p(x_i)p(y_j|x_i)) \\
&= -\sum_i \sum_j p(x_i,y_j)\log p(x_i) - \sum_i \sum_j p(x_i,y_j)\log p(y_j|x_i) \\
&= -\sum_i p(x_i)\log p(x_i) - \sum_i \sum_j p(x_i)p(y_j|x_i)\log p(y_j|x_i) \\
&= H(X) - \sum_i p(x_i)\sum_j p(y_j|x_i)\log p(y_j|x_i) \\
&= H(X) + H(Y|X)
\end{aligned}
\tag{2.12}
$$

因此,当 X 发生时, Y 的条件熵为

$$H(Y|X) \equiv H(X,Y) - H(X) \tag{2.13}$$

同理有

$$H(X,Y) \equiv H(Y|X) + H(X) \tag{2.14}$$

$$H(X|Y) \equiv H(X,Y) - H(Y) \tag{2.15}$$

5．交叉熵

交叉熵是 1997 年以色列教授 Rubinstein(1997,1999)、Rubinstein 等(2004)提出的一种新的优化方法,最先用于顾及复杂随机网络中稀有事件发生的概率。Kullback(2004)采用交叉熵度量两个概率分布,表达为

$$D(P,Q) = \sum_{i=1}^{N} p_i \log \frac{p_i}{q_i} \tag{2.16}$$

式中，$P = (p_1, p_2, \cdots, p_N)$ 表示第一个概率分布，p_i 表示 P 中的每个概率值；$Q = (q_1, q_2, \cdots, q_N)$ 表示第二个概率分布，q_i 表示 Q 中的每个概率值。从式(2.16)可以看出，交叉熵体现了信源之间的差异，用来表示信源之间距离的度量。交叉熵值越大，信源差异越大；交叉熵值越小，信源差异越小。因此，交叉熵适用于异常探测。

6. 不确定度

在信息论中，信源是产生消息符号、消息符号序列以及连续消息的来源。在数学上，信源是产生随机变量 U、随机序列 U 和随机过程 $U(t, \omega)$ 的来源。信源分为无记忆信源和有记忆信源等。信源的最基本特性是具有统计不确定性，可用概率统计特性描述（曹雪虹 等，2004）。

假设有一信源 X，其概率空间为 $\begin{bmatrix} X \\ P \end{bmatrix} = \begin{bmatrix} a_1 & a_2 & \cdots & a_n \\ p(a_1) & p(a_2) & \cdots & p(a_n) \end{bmatrix}$，这是信源固有的，通常是已知的。但是信源在某时刻到底会发出什么符号，接收者是不能确定的，只有当信源发出的符号通过信道的传输到达接收端后，接收者才能得到消息，消除不确定性。信息量指的是该符号出现后，提供给接收者的信息量。具有某种概率的信源符号在发出之前，存在不确定度，不确定度表征该符号的特性。符号的不确定度在数量上等于它的自信息量，两者的单位相同，但含义却不相同。不确定度是信源符号所固有的，与符号是否发出无关，而自信息量是信源符号发出后给予接收者的。若两个符号的出现不是独立的，而是相互联系的，则可用条件概率 $p(x_i | y_i)$ 来表示。

2.3 地图信息的分类

2.3.1 地图信息的内涵

如何定义地图信息是进行地图信息分类和地图信息度量的最基础问题。目前，地图制图界对地图信息有多种解释，主要包括三类：①从概率统计的角度，解释为"地图上符号或地物的不确定性程度"；②从组合分析的角度，解释为"地图符号或图形要素的多样性"；③从拓扑结构的角度，解释为空间结构。刘宏林(1992)从信息概念的一般性和地图信息的特殊性出发，给出了一种地图信息更为科学的定义，认为地图信息是一种特殊的图解信息，它是地图上所表示地物或现象的时空状态和组合存在方式，还给出了关于这种状态和方式的广义知识；它的作用在于消除地图用户在认识上的不可知性，它的数值以所增加知识的多少来衡量。

地图用户对空间的不可知性包括两个方面，即空间上有哪些要素和这些要素如何分布。阅读地图能获得地图空间信息，消除这些不可知性，从而为决策提供依据、为知识推理获取新的信息提供基础。有的学者将由空间信息推理获得的新的知识也包括在空间信息之内,这种观点忽略了信息加工的过程,以及这种加工过程对于不同的主体有不同的结果,因而缺乏客观性和可度量性,也是不科学的。鉴于此,本书认为空间信息是客观存在的,并且结合 2.2 节提出的信息定义,将地图空间信息描述为:地图空间信息是能够被认知的地图空间要素及其分布的多样性或差异性的反映。

实质上,信息学界的信息差异性学说很早就被引入了地理学界,用于讨论地理信息的本质问题。地球是一个绕地轴自转、沿椭圆轨道绕日公转的球体,这种运动使地球与太阳的角度及距离发生周期性变化,产生的差异性使地球有昼夜交替、四季变换等;地球上地貌的差异性形成了山河海陆的不同(陈涛,1994)。两者复合的结果是变化的空间差异性,被认为是地理信息的来源。地图作为记录、表达和传输地理空间信息的工具,通过空间目标的几何形态和排列分布表达现实世界的空间差异性,而这种差异性正是地图空间信息的来源。于是,可将地图空间信息量定义为地图空间上要素及其分布的差异性程度,地图空间信息度量就是对这种差异性程度的量化测度。

2.3.2　地图空间信息的分类原则

地图空间信息的分类原则必须建立在对地图空间信息本质的认识基础上,对地图空间信息的本质有什么样的认识就会产生什么样的分类方法,即地图空间信息的分类方法要与地图信息的本质相适应。为此,下面提出地图空间信息分类的三个原则。

1. 不同类型的地图空间差异性产生不同类型的地图空间信息

如前所述,地图空间信息源于地图空间差异性。不同类型的地图空间信息源于不同类型的地图空间差异性。地图空间差异性的类型决定了地图空间信息的类型,为此,后续将地图空间差异性的类型作为地图空间信息分类的主要指标。

2. 不同类型的地图空间信息应该反映不同类型的地图空间特征差异性

不同类型的地图空间信息应该反映不同类型的地图空间特征,同时,信息量的大小应该有效地反映地图空间特征差异的强度。如果某一类空间信息由地图空间目标的几何形态差异性产生,其信息量越大,则表明地图空间目标几何形态的差异性越大。

3. 互异性和完备性

不同类型的空间信息之间应该保持互异性。地图空间信息的类型应该完整反映各类地图空间差异性。考虑空间特征划分的模糊性和不完备性,地图空间信息分类的互异性和完备性通常难以严格满足。

2.3.3　地图信息的类型

目前,对于地图信息分类主要有两种观点:一种是从信息论角度,考虑地图这一信息载体表达的直观性与衍生性进行分类;另一种是从地图表达空间要素及其分布的角度进行分类。考虑地图的基本功能,本书从地图空间要素及其分布的角度进行分类,同时结合地图信息的分类原则,将地图信息分为几何信息、拓扑信息、聚群信息、专题信息、注记信息五类。

1. 几何信息

如图 2.1 所示,地图上各要素间的几何位置关系多样化,形成了要素之间的空间几何分布差异性,从而产生不同的信息。这类信息产生于地图要素空间几何分布的差异性,通常称为几何分布信息,简称"几何信息"。

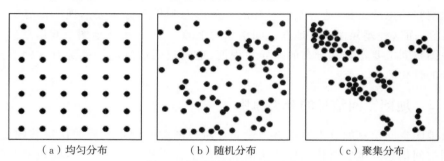

　　（a）均匀分布　　　　　　　　（b）随机分布　　　　　　　（c）聚集分布

图 2.1　不同类型的几何分布

2. 拓扑信息

拓扑邻接关系是地图上各要素间重要的空间特征。图 2.2 中(a)、(b)和(c)的各居民地要素间的拓扑邻接关系存在明显差异,同时各要素之间的拓扑邻接关系也不一致,因而产生了信息。尽管图 2.2 中(a)与(b)的各个要素之间的几何分布关系近似,但它们之间的拓扑邻接关系不同,因而产生了不同的信息。这类信息产生于空间分布的拓扑邻接关系特征,也称这类信息为拓扑邻接关系信息,简称"拓扑信息"。

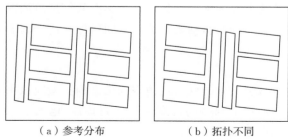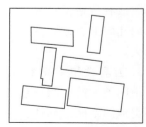

　　（a）参考分布　　　　　　　（b）拓扑不同　　　　　　（c）几何、拓扑都不同

图 2.2　拓扑邻接关系信息

3. 聚群信息

聚群结构是地图要素分布中常见的一类特征,现实世界中空间实体的聚群结构特征分布形态是一种客观的自然规律。例如,水系中的干流由若干支流汇合形成,干流和支流组成的结构是一种树形结构;设计师不同的空间设计理念将带来城市中各式各样的商用居民区结构;沙漠地区的绿洲聚群分布形态反映了地下水源的分布。诸如此类聚群或结构的分布,反映在地图上就是一种具有相似模式的要素群的聚集型空间分布,不同的空间分布模式将形成不同的聚群结构,从而产生相应的空间信息。本书将这种由聚群结构多样性或差异性产生的信息称为聚群结构信息,简称"聚群信息"。如图 2.3 所示,区域 A 内的要素群具有相似的形状而形成一种聚集模式,区域 B 内的要素群具有内部要素间空间邻近而与外部要素距离稀疏的特点,因而形成另一种聚集模式。

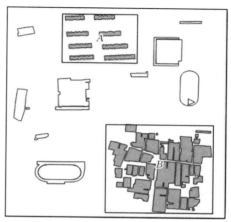

图 2.3　聚群结构特征

4. 专题信息

专题信息是指重点表示某一种或几种自然和人文现象特征的地图信息。专题信息是由专题数据产生的、顾及要素类别属性的一类信息,比专题数据更有确定性,能真实反映客观世界,是客观世界中某一专题现象的真实描述。专题信息能够反映一种或几种自然要素或社会经济现象等主题要素在空间上的分布,内容表达比较深刻。在地图上,专题信息具有特定的符号系统和多样性的表示方法,其表示方法多达十余种。

5. 注记信息

地图注记信息是指地图上的标注和各种文字说明,是地图的基本内容之一。与地图上的其他符号一样,注记也是一种地图符号。地图注记可以分为地名注记、说明注记和图幅注记。地图注记是传输地图信息最直观的地图语言(杨圣枝,2009),不仅可以标注说明地理要素的名称,还可以通过注记的基本属性(如字体、字形、字号、字色等)反映地理要素的质量特征或数量特征。地图注记可以在有限的地图载体上最大限度地丰富地图内容,增加地图表达内容的信息量。注记信息是制图者和读图者之间进行沟通的重要工具,是实现地理信息传输的一种重要手段。

2.4　地图信息度量的基本准则

2.4.1　矢量地图信息度量基本准则

目前,地图信息尚没有公认的度量体系。通常认为,地图要素的差异性、多样性应是度量地图信息量的出发点,即在能清晰阅读的情况下,地图表示的地物要素越多、分类分级越细、符号的图形越复杂、重要程度越高,则信息量越大。量化的信息量应具有比较价值,适应性要广。许多学者提出了地图空间信息量计算应遵循的基本原则(偶卫军 等,1988;邹建华,1991;刘宏林,1992;王郑耀 等,2005),用以指导信息度量的过程,达到度量的有效性。令地图空间信息量为 I,考虑地图空间要素及其分布的差异性特征,建立地图空间信息度量准则,具体内容如下:

(1)非负性。地图空间信息量应是非负的,即 $I \geqslant 0$。

(2)可加性。不同信源的地图空间信息量是相同差异性程度标准下各信源的地图空间信息量之和。如图 2.4 所示,地图的空间信息量是 A 部分和 B 部分要素及其分布的空间信息量之和。

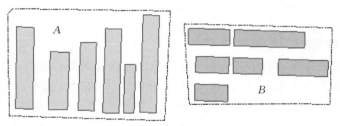

图 2.4　地图空间信息度量可加性准则

(3)因果性。地图空间信息量用于度量地图空间差异性程度,即空间差异性程度越大,地图空间信息量就越大。如图 2.5 所示,(a)中要素分布的差异性比(b)大,则其空间信息量也较大。

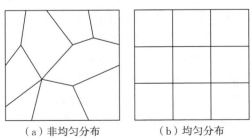

　(a)非均匀分布　　　　　(b)均匀分布

图 2.5　分布差异性导致地图空间信息量不同

　　(4)对称性。地图的对称变换不改变地图空间信息量的大小。图 2.6 中(a)和与其对称分布的(b)具有相同的空间信息量,这是因为它们的要素及要素间的分布关系完全相同。

　　(5)旋转不变性。地图的旋转变换不改变地图空间信息量的大小。图 2.6 中(c)是(a)通过逆时针旋转 45°得到的,由于二者的要素及要素间的分布关系完全相同,因而它们的空间信息量相同,即满足旋转不变性。

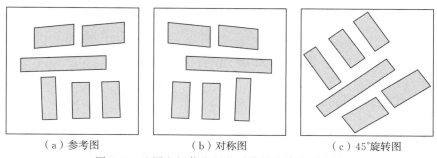

　　　(a)参考图　　　　　　　　(b)对称图　　　　　　　(c)45°旋转图
图 2.6　地图空间信息量的对称性和旋转不变性

　　(6)对数模型。由于信息量取决于特征差异性程度,而信息度量满足可加性准则,因此信息度量以对数为模型。其中,以 2 为对数底的空间信息量单位为比特(bit),以超越数 e 为对数底(即自然对数)的信息量单位为奈特(nat),以 10 为对数底的信息量单位为笛特(det)。三种信息量单位之间的换算关系为:$1 \, \text{nat} = \log_2 e \approx 1.443 \, \text{bit}$,$1 \, \text{det} = \log_2 10 \approx 3.322 \, \text{bit}$。

2.4.2　影像地图信息度量基本准则

　　根据 Marr 等(1982)计算理论,图像的信息包括图像中存在的物体以及这些物体之间的关系等要素,这些要素是通过空间上颜色的变化呈现的。由于颜色可以分为亮度和色度,灰度图像只有亮度,因而灰度图像是根据亮度在空间上的变化提供信息的,而且它能反映图像形状特征。下面以灰度图像为例,所指的信息主要指形状信息。若将图像信息量记作 I_t,$I_t = I(f(x,t))$,$t \geq 0$,则 I_t 应该具有如下性质:

　　(1)非负性。非负性指图像的信息量是非负值泛函,即 $\forall t \geq 0$,有 $I_t \geq 0$。

　　(2)因果性。根据尺度空间的因果性理论可知,大尺度是小尺度的平滑和简化,这导致尺度空间中图像的信息量随着尺度的增大而减少。即,如果 $t_1 > t_2$,则 $I_{t_1} \leq I_{t_2}$。

　　(3)灰度反转不变性。灰度的反转并不改变信息,这个性质是直观的。例如,在 256 色灰度图像中,如果将灰度值变为 255 减去原来的灰度,则对视觉来说图像的内容没有发生改变,表达为 $I(f(x,t)) = I(M - f(x,t))$,$M \geq f(x,t)$ 为一常数。

(4)局域可加性。整体信息是局部信息之和。即，如果 $\Omega = \Omega_1 \bigcup \Omega_2$，$\Omega$、$\Omega_1$、$\Omega_2$ 均为开集，并且 f_Ω 表示 $f(x,t)$，$x \in \Omega$，则

$$I_t(\Omega) = I_t(f_{\Omega_1}) + I_t(f_{\Omega_2}) - I_t(f_{\Omega_1 \cap \Omega_2}) \qquad (2.17)$$

(5)形态不变性。图像的灰度的线性变换不改变信息量。假设 $G(x) = x + c$（c 为常数）或者 $G(x) = kx$（k 为常数），则

$$I(G(f)) = I(f) \qquad (2.18)$$

(6)几何不变性。图像信息量与图像的坐标系没有关系。

(7)规范性。灰度一致的图像，即 $f(x,t)$ 等于常数，其信息量为零。

2.5 矢量地图信息度量

2.5.1 基于统计的地图信息度量

Harrie 等(2010)在全面分析地图要素空间特征的基础上，将地图信息度量划分为两类，即地图目标信息度量和地图目标分布信息度量。其中，地图目标信息度量包括空间目标个数度量、空间目标点个数度量、空间目标线长度度量和空间目标面积度量，后者包括空间目标分布度量和空间目标点分布度量。地图目标分布信息度量采用 Li 等(2002)提出的基于 Voronoi 区域的方法计算，而地图目标信息度量则通过直接求取目标总数、目标点总数、目标线总长度和目标总面积得到。其中，目标总数 NO 表达为

$$NO = \sum_{i=1}^{n} \sum_{j=1}^{m_i} o_{ij} \qquad (2.19)$$

式中，o_{ij} 是地图目标，n 是目标类型数量，m_i 是类型为 i 的目标个数。

根据 Biederman(1987)的观点，目标包含的点能够有效帮助人们感知图像。目标点总数 NP 可以表达为

$$NP = \sum_{i=1}^{n} \sum_{j=1}^{m_i} \sum_{k=1}^{p_{ij}} b_{ijk} \qquad (2.20)$$

式中，b_{ijk} 是目标包含的点，p_{ij} 是类型为 i 的目标 o_{ij} 的点个数。

目标线总长度 OLL（不用于点要素）为所有目标边线和线的长度总和，表达为

$$OLL = \sum_{i=1}^{n} \sum_{j=1}^{m_i} l_{ij} \qquad (2.21)$$

式中，l_{ij} 是类型为 i 的目标 o_{ij} 的线长度。

目标总面积 OA 定义为

$$OA = \sum_{i=1}^{n} \sum_{j=1}^{m_i} a_{ij} \qquad (2.22)$$

式中，a_{ij} 是类型为 i 的目标 o_{ij} 的面积。

　　下面使用一组实验数据例证基于统计的地图信息度量模型。实验选取了 7 个（Ⅰ～Ⅶ）研究区域（Harrie et al，2010），并分别通过地图综合方法得到 5 个不同综合程度（L1～L5）的数据，如图 2.7 所示。

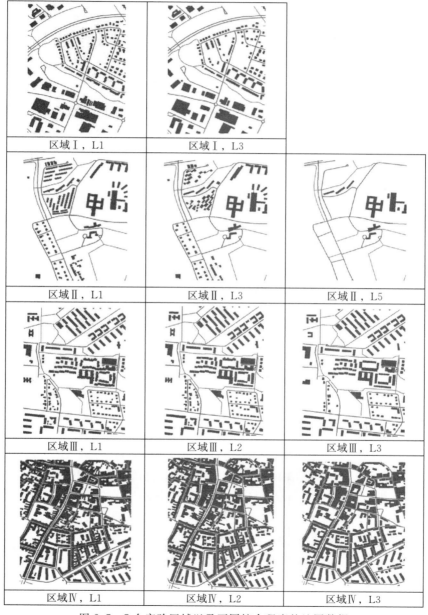

图 2.7　7 个实验区域以及不同综合程度的地图数据

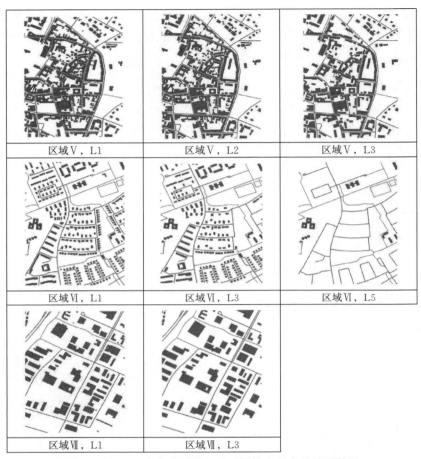

图 2.7(续)　7 个实验区域以及不同综合程度的地图数据

　　为验证地图信息度量模型的可靠性,根据人类视觉采用专家打分的方式对以上地图的信息量从大到小进行排序(表 2.1)。上述统计模型的地图信息度量结果列于表 2.2。为了更加直观地判断专家打分信息量与统计信息量的区别,两者排名之差如图 2.8 所示。其中,横轴表示测试图(按专家判断的信息量降序排列),纵轴表示基于统计模型的地图信息量的排名与专家打分的地图信息量的排名之差。可以发现,与目标总面积相比,目标总数、目标点总数、目标线长度与专家判断具有更优的对应关系。

表 2.1　专家打分的地图信息量等级降序排列

等级	地图序号	等级	地图序号	等级	地图序号	等级	地图序号	等级	地图序号
1	Ⅳ,L1	5	Ⅴ,L2	9	Ⅲ,L3	13	Ⅰ,L3	17	Ⅶ,L3
2	Ⅳ,L2	6	Ⅲ,L1	10	Ⅵ,L1	14	Ⅱ,L1	18	Ⅱ,L5
3	Ⅴ,L1	7	Ⅴ,L3	11	Ⅰ,L1	15	Ⅱ,L3	19	Ⅵ,L5
4	Ⅳ,L3	8	Ⅲ,L2	12	Ⅵ,L3	16	Ⅶ,L1		

表 2.2　所有测试映射的分析度量值及排名

地图序号	NO	NP	OLL/m	OA/m^2	D	D_{NO}	D_{NP}	D_{OLL}	D_{OA}
Ⅰ，L1	162	1 083	12 593	70 816	11	9	11	8	9
Ⅰ，L3	126	542	10 476	68 416	13	7	5	5	7
Ⅱ，L1	86	1073	9 855	39 269	14	5	10	4	4
Ⅱ，L3	86	475	8 006	36 269	15	5	4	3	3
Ⅱ，L5	10	81	2 445	16 232	18	1	1	2	2
Ⅲ，L1	178	1 409	16 609	73 134	6	10	13	12	10
Ⅲ，L2	179	877	16 117	73 456	8	11	8	11	11
Ⅲ，L3	151	664	14 576	70 415	9	8	7	10	8
Ⅳ，L1	427	4 092	43 556	180 621	1	19	19	19	19
Ⅳ，L2	410	2 530	41 249	179 684	2	18	17	18	18
Ⅳ，L3	322	1 647	32 998	161 877	4	15	15	16	17
Ⅴ，L1	397	3 321	33 563	129 438	3	17	18	17	16
Ⅴ，L2	377	2 090	31 527	127 949	5	16	16	15	15
Ⅴ，L3	281	1 353	24 250	112 205	7	13	12	14	14
Ⅵ，L1	287	1 521	16 773	52 384	10	14	14	13	6
Ⅵ，L3	220	924	12 789	44 078	12	12	9	9	5
Ⅵ，L5	12	88	1 506	7 371	19	2	2	1	1
Ⅶ，L1	77	582	11 461	94 643	16	4	6	7	13
Ⅶ，L3	71	363	10 848	94 476	17	3	3	6	12

注：表中 D 为地图信息量等级，D_{NO}、D_{NP}、D_{OLL}、D_{OA} 表示各统计信息量等级排名。

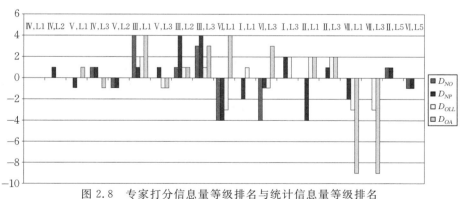

图 2.8　专家打分信息量等级排名与统计信息量等级排名

2.5.2　基于香农熵的地图信息度量

现有的地图信息度量方法大多建立在香农熵的基础上。设 X 为信源，是随机变量，所对应事件发生的概率为 $p_1,p_2,\cdots,p_n$，则该信源 X 的香农熵表达为

$$H(X)=H(p_1,p_2,\cdots,p_n)=-\sum_{i=1}^{n}p_i\log(p_i) \tag{2.23}$$

1. 符号信息度量

Sukhov 首次将信息熵用于地图信息度量，提出了符号信息熵。不妨设地图上符号的总数为 n，地图符号类型的总数为 m，第 i 种类型符号的数量为 k_i。 于是，将地图上每种符号的概率（这里也是比率）表达为

$$p_i = k_i/n \quad (i = 1, 2, \cdots, m) \tag{2.24}$$

将由式（2.24）计算得到的概率代入式（2.23），即可计算得到地图的符号信息熵，表达为

$$H(X) = H(p_1, p_2, \cdots, p_m) = -\sum_{i=1}^{m} p_i \log(p_i) \tag{2.25}$$

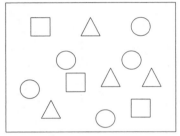

图 2.9 地图符号信息量示例

图 2.9 包含 3 类共 12 个符号，其中□符号 3 个，△符号 4 个，○符号 5 个。根据符号信息量计算模型，此图信息量为 1.08 nat（约 1.56 bit）。

符号信息熵考虑的是各种符号出现的比率，具有统计特性，通常将其称为符号统计信息熵。

2. 几何信息度量

几何信息量与要素空间位置、尺寸和形状密切相关。针对不同类型的要素，几何信息量的计算方法也不同。点要素只需考虑空间位置，线要素和面要素不仅需要考虑要素的长度、面积等，还要考虑要素的形状特征。此外，所有点、线、面要素形成的空间分布信息也要考虑。这些信息量主要取决于要素或要素分布的几何特征多样性或差异性程度。因此，几何信息量是有别于其他信息量的最本质的信息量内容（王红 等，2010）。

基于沃罗诺伊（Voronoi）区域几何分布范围的几何信息熵度量的基本思想是：建立地图要素的 Voronoi 区域，每个要素对应的 Voronoi 区域是地图空间上距离该要素最近的点的集合，因而将其作为该要素的空间分布影响区域，其面积大小作为要素的几何分布属性。计算各要素对应 Voronoi 区域面积占地图区域总面积的比率，代入式（2.23）计算即可获得几何信息熵（Li et al，2002）。

假定某一地图区域总面积为 s，地图上共有 n 个要素符号，第 i 个符号的 Voronoi 区域面积为 $s_i(1 \leqslant i \leqslant n)$，那么第 i 个符号 Voronoi 区域占地图区域总面积的比率可以表达为

$$p_i = s_i/s \quad (i = 1, 2, \cdots, n) \tag{2.26}$$

进而，地图符号的几何信息熵表达为

$$H^{GM}(X) = H(p_1, p_2, \cdots, p_n) = -\sum_{i=1}^{n} (s_i/s) \log(s_i/s) \tag{2.27}$$

如果符号是均匀分布的，则 Voronoi 几何信息量达到最大。如图 2.10 所示，在构建 Voronoi 图的基础上，其几何信息熵为 4.28 bit。

此外,一些学者对几何信息度量方法提出了改进。例如,王少一等(2007)将地图视为一个复杂的认知系统,发展了基于空间认知的地图几何信息度量方法。该方法顾及了空间目标的多类型和多级别情况,在构建 Voronoi 图的过程中按重要性程度设置增长速度。因此,该方法也可视为一种基于加权 Voronoi 图的几何信息度量方法。

3. 拓扑信息度量

1)基于拓扑邻接对偶图的计算方法

地图上的符号通常是离散分布的,而在地图表达的空间对象中,离散对象自身具有拓扑邻接关系的只是少数,此时,借助 Voronoi 图能够很好地表达包括离散对象在内的所有对象的邻近关系,如图 2.11 所示。一般来说,拓扑信息度量都建立在这种处理方法的基础上。

Neumann(1994)提出了一种基于拓扑邻接对偶图的地图拓扑信息度量方法,基本过程为:①建立地图符号的 Voronoi 图,并根据符号的拓扑邻接关系建立对偶图;②根据对偶图计算每个地图符号的邻接度,并进一步根据邻接度对符号进行分类,确定每一类符号的比率;③将每类符号的比率代入式(2.23),计算得到地图拓扑信息熵。采用该方法计算得到图 2.11 的拓扑信息熵为 1.38 bit。

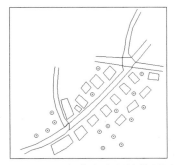
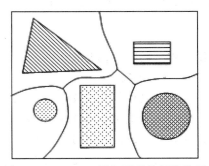

图 2.10　几何信息度量计算例图　　　图 2.11　Voronoi 图与要素的邻接关系

2)基于拓扑邻接度的计算方法

为了克服 Neumann 所提出方法的不足,Li 等(2002)提出了采用符号拓扑邻接度(或 Voronoi 拓扑邻接度)作为量测指标,计算单个符号拓扑邻接度占全体符号拓扑邻接度的比率,将其代入式(2.23)。以图 2.11 为例,所有符号的拓扑邻接度总数为 $2\times2+3\times2+4\times1=14$,每个符号拓扑邻接度的比率分别为 2/14、2/14、3/14、3/14、4/14,计算得到拓扑信息熵为 2.27 bit。

4. 专题信息度量

专题信息度量主要考虑要素与相邻其他要素之间类型、质量特征及属性值上的差异。它和拓扑信息度量的区别在于拓扑信息度量考虑的是邻接点的数量差异,而专题信息度量考虑的是节点的邻接点在某个属性或质量上的差异。也就是说,专题信息度量的本质是要素与邻接要素之间的差别。将这些差异进行定义并以此为依据进行分类后,可以利用香农熵进行专题信息的量算。

Bjørke(1996)、Li 等(2002)、陈杰等(2010)考虑地图符号要素的专题属性,对地图符号的拓扑邻接度进行细分,建立了专题拓扑信息熵的度量方法。如果一个地图符号与邻近的符号是同一类型,那么通常认为这个符号的重要性很低;反之,如果一个地图符号与邻近的符号不是同一类型,那么认为它具有较高的重要性。这里,符号邻接特征仍由 Voronoi 区域的邻接特征取代。同样,假定地图有 N 个符号,并且第 i 个地图符号有 N_i 个邻近符号,这些邻近符号根据符号的专题类型分为 M_i 种。其中,第 j 种($1 \leqslant j \leqslant M_i$)类型的邻近符号为 N_{ij} 个,那么对于第 i 个符号,邻近符号类型为 j 的比率为

$$p_{ij} = N_{ij}/N_i \tag{2.28}$$

式中,$i = 1, 2, \cdots, N_i$,$j = 1, 2, \cdots, M_i$。

那么,第 i 个符号的专题信息熵可以表达为

$$H_i^{\text{TM}}(X) = -\sum_{j=1}^{M_i} p_{ij} \log(p_{ij}) \tag{2.29}$$

进而,这幅地图的总专题信息熵可以表达为

$$H^{\text{TM}}(X) = \sum_{i=1}^{N} H_i^{\text{TM}}(X) \tag{2.30}$$

根据此模型,计算得到图 2.10 的专题信息熵为 28.2 bit。

5. 注记信息度量

对于要素的名称等具有文字特征和注记性质的信息度量,祝国瑞等(1995)、张根寿等(1994)认为地图上的注记字体、字号往往说明了客体的类型和等级,这些信息一般都计算到客体的分类分级信息中了,只要计算文字本身所包含的语义信息量即可。还应当考虑文字注记本身的语言信息量,也就是每个文字注记的字数及出现的频率。邹建华(1991)、张法(2006)则认为地图注记能为用图者提供地理要素的名称、数量、质量信息,不管是文字还是数字注记,一条注记中的字数只是被注记地物名称的形式表征,而内容实质不变,其信息与每条注记的字数无关,而与注记的总条数、字体、字号变化有关。

王红等(2010)结合以上两种观点,一方面认为注记的字体、字号是不定的,与该要素的其他分类分级属性有关,因此可在考虑这些属性信息的基础上,求得注记的字体、字号、颜色的最大信息量,对于具有严格图式规范的国家基本比例尺地形图来说,每个注记的字体、字号和颜色均有严格的规定,这些信息量是容易计算的;另一方面也要考虑注记的条数、字数,每条注记的字数是确定的,是可以计算的,特别是数字注记,注记越精确,字数越多。

字体信息熵为 $H_{\text{Font}} = \log(m+1)$,其中,$m$ 是字体的个数。

字号信息熵为 $H_{\text{FontSize}} = \log(s+1)$，其中，$s$ 是字号的个数。

文字长度信息熵为

$$H_{\text{TextSize}} = -\sum_{i=1}^{k} p_i \log p_i \tag{2.31}$$

式中，k 是最大的注记字数，p_i 是字数为 i 的注记条数占总条数的概率。

总注记信息熵 H_{An} 包括字体信息、字号信息及文字长度信息，即

$$H_{\text{An}} = n(H_{\text{Font}} + H_{\text{FontSize}} + H_{\text{TextSize}}) \tag{2.32}$$

式中，n 是注记的总条数。

根据以上模型，图 2.12 包含的注记信息中字体信息熵为 1 bit，字号信息熵为 2.32 bit，文字长度信息熵为 1.02 bit，总注记信息熵为 4.34 bit。

图 2.12 西汉时期丝绸之路地图注记信息

2.5.3 基于特征指标的地图信息度量

现有地图空间信息度量研究中，信息熵是广泛使用的度量工具。尽管如此，还是有许多学者对信息熵用于地图空间信息度量提出了质疑，他们认为地图作为一个固化的符号模型，是一个静态模型，其表现形式和表现内容是完全确定的，因此，用衡量不确定性的信息熵来度量确定的地图空间信息量具有不合理性。

刘慧敏(2012)通过研究认为，地图载负的信息与随机事件概率熵存在实质性差别，以地图符号的比率代替信息熵模型中的概率缺乏理论依据。因此，对于地图信息度量，不能简单地套用信息熵计算模型，应该厘清地图信息的来源、信息熵的信息量本质。刘慧敏等(2012)通过对比分析发现，当引入信息熵计算地图信息量时，已有的度量方法均存在两个特点：①以地图上各种比率代替信息熵计算式中的概率，并没有涉及地图上任何形式的概率或者不确定性；②信息熵作为计算地图信息的数学工具，简单套用它的数学形式，并没有从香农信息论的基本原理去思考其适宜性和使用方法。

事实上，对于随机事件，其典型特征描述莫过于"概率"。在式(2.3)中，求取对数的概率值是信源发出的某个信号的一种特征表征。从这个意义上说，式(2.2)中的自信息正是事件的典型特征的对数，而香农熵则是信源下所有可能事件的自信息的加权和。加权系数的和正好等于1，意味着不论哪个(些)事件发生，其发生概率之和为1。将地图视作"信源"，将空间要素及其分布视作"事件"，那么对于地

图这一"信源"而言,它每个事件的发生概率为 1(即地图表达的要素和分布都是确定的),而事件的特征不再是概率,而是其要素特征和分布特征。因此,提取地图要素及其分布的特征描述指标成为地图信息度量首要解决的问题。

设地图要素及其分布的特征描述指标为 V,那么根据香农熵的原理,可以建立地图信息度量的数学模型,表达为

$$I = \log(V + 1) \tag{2.33}$$

式中,V 一般取为标准化的特征描述指标值。这就是 Whelan 等(1998)提出的改进的信息熵计算方法。类似地,根据地图上空间要素及其分布的确定性,可以建立一组地图要素及其分布的地图信息度量的数学模型,表达为

$$I = \sum_{i=1}^{n} \log(V_i + 1) \tag{2.34}$$

式中,V_i 为第 i 个标准化的特征描述指标。

式(2.33)和式(2.34)称为基于特征的信息量计算模型,是信息熵模型用于地图信息度量的变换式。香农熵模型和基于特征的信息量计算模型是度量地图空间信息量的数学模型。为方便阅读,统一用字母 I 表示信息量,概率或频率统一用 p 表示,特征描述指标 V 则根据特征用不同的字母表示。根据此模型,将 Voronoi 区域面积作为特征的描述指标,将 $|s_i - \bar{s}| / s_{\max}$ 作为特征 V_i(其中,s_i 表示第 i 个 Voronoi 区域的面积,$\bar{s}$ 表示所有 Voronoi 区域的平均面积,$s_{\max}$ 表示所有 Voronoi 区域的最大面积)。用此计算得到中国某年降水分布图(图 2.13)的信息量为 173.58 bit。

图 2.13　降水数据 Voronoi 图

2.5.4　各种模型的比较

一直以来,地图信息度量的模型和方法研究从未间断。最初的研究主要是简单地以个体与总体的比值代替概率后套用香农熵计算模型,但未考虑地图中要素的空间分布和关系,导致地图信息量与人类认知存在较大偏差。为了解决这个缺陷,Neumann、Li、王红等诸多国内外学者对经典香农熵模型进行了改进(表 2.3),提出了几何信息、拓扑信息、专题信息及注记信息等地图信息度量模型,逐渐触及地图信息的本质,为地图信息度量研究奠定了理论方法基础,并使这一基础研究问题成为地图学与地理信息科学研究的热点之一。此外,Harrie 等(2010)从统计学的角度关注地图空间要素的数量、长度、面积等统计指标,并以此为表征地图空间信息量的手段,取得了很好的分析效果。为了解决香农熵模型和统计理论只强调要素类别、数量却不考虑空间分布的问题,刘慧敏(2012)在探究特征指标模型的基础上分别提出了基于此模型的点、线、面地图信息度量方法,为地图信息度量开辟了新的研究思路。

表 2.3　地图信息度量模型对比

类型	代表性度量模型	数学表达	特点
统计法	统计信息量 (Harrie et al,2010)	$I_p = \sum n_{pi}$	①统计要素数量、线长、面积等指标;②以数量指代信息量
香农熵法	符号信息量 (Sukhov,1967)	$H(X) = -\sum_{i=1}^{m} p_i \ln(p_i)$	①考虑统计量,即数量;②与空间位置、分布无关;③与要素大小、面积、属性无关
香农熵法	几何信息量 (Li et al,2002)	$H^{GM}(X) = -\sum_{i=1}^{n} (s_i/s)\log_2(s_i/s)$	①将要素影响区域比值作为指标;②与要素数量相关
香农熵法	拓扑信息量 (Neumann,1994)	$TIC = -n\sum_{i=1}^{h} p_i \log_2 p_i$	①考虑邻接要素数量所占比值;②不考虑要素之间差异性;③与要素位置、距离无关
香农熵法	专题信息量 (Li et al,2002)	$H^{TM}(X) = -\sum_{i=1}^{N} \sum_{j=1}^{M_i} p_{ij} \log_2(p_{ij})$	①考虑邻域要素的类别属性;②与要素之间差异大小无关;③与要素其他属性值无关
香农熵法	注记信息量 (王红 等,2010)	$H = n(H_F + H_{FS} + H_{TS})$	①考虑注记的字体、字号、长度信息;②与注记的位置、密度、空间分布无关
特征指标法	特征指标信息量 (刘慧敏,2012)	$I = \sum_{i=1}^{n} \log_2(V_i + 1)$	①考虑地图的元素、邻域和整体层次信息;②与要素属性无关

2.6　影像地图信息度量

2.6.1　基于经典信息论的影像信息度量

在信息论中，信源是消息（符号）、消息序列或连续消息的来源，对于遥感影像而言，目标地物作为信源在某时刻到底发出什么符号，传感器是不能确定的，只有当目标地物发出的符号到达传感器后，传感器才能得到消息，消除不确定性。目标地物越无序，这种不确定性也就越大，从而获得的信息也就越多。信源的最基本特征是具有统计不确定性，它可用概率统计特性描述（曹雪虹 等，2004）。

假设一信源 X，其概率空间为 $\begin{bmatrix} X \\ P \end{bmatrix} = \begin{bmatrix} a_1 & a_2 & \cdots & a_n \\ p(a_1) & p(a_2) & \cdots & p(a_n) \end{bmatrix}$，这是信源固有的，通常是已知的。对于遥感影像来说，其每一个像元值都代表一个符号（图 2.14），设像元值 x_i 出现的概率为 $p(x_i)$，则单个独立像元值 x_i 的自信息量为

$$I(x_i) = -\log p(x_i) \tag{2.35}$$

自信息量的单位与所用的对数底数有关。通常情况下，因为地物纹理的存在，遥感影像的像元并不是独立出现的，如实际地物中水域往往伴随着绿地而出现，建筑边上往往是马路等，它们相互之间是有联系的。如图 2.14 所示，若像元值 x_i 和像元值 y_i 之间存在某种关系，在符号 y_i 出现的概率下，符号 x_i 发生的条件概率可以表达为 $p(x_i|y_i)$，因此与 y_i 伴生的像元值 x_i 的自信息量可表达为

$$I(x_i|y_i) = -\log p(x_i|y_i) \tag{2.36}$$

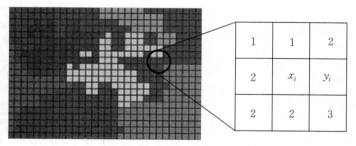

图 2.14　遥感影像符号示意

以上讨论了遥感影像某一个像元（符号）的自信息量，而在实际情况中一个信源总包含众多符号。例如，一幅遥感影像有多个像元，各个像元又有不同的概率分布，导致每个像元的自信息量也是不同的。自信息量 $I(x_i)$ 是与概率分布有关的一个随机变量，不能作为信源总体的信息度量。对这种随机变量只能采取计算平均值的方法。将信源中各个符号自信息量的数学期望定义为信源的平均自信息量，即

$$\bar{I} = E(I(X)) = -\sum_{i=1}^{N} p(x_i) \log p(x_i) \tag{2.37}$$

信息熵是在平均意义上表征信源的总体特性,它是信源 X 的函数,一般写成 $H(X)$,与平均自信息量具有相同的数学表达式。根据式(2.37),图 2.14 所示的遥感影像信息量为 2.19 bit。

2.6.2　基于差值统计模型的影像信息度量

Wu 等(2004)根据人类视觉机制提出了一种栅格地图信息量的差值统计模型。Wu 认为人类之所以能够从影像中获得信息是因为受到了像元的刺激,而这种刺激的来源是每个像元与周围像元的差别,差别越大,对人眼的刺激越强,人所接收的信息也就越多。因此,Wu 等(2004)提出了基于栅格地图的信息量计算方法,如图 2.15 所示,任意像元的信息量等于它与周围像元差值绝对值的算术平均,即

$$I_p = \frac{1}{n}\sum_{i=1}^{n}|C_p - C_i| \tag{2.38}$$

式中,n 表示邻域像元的个数,C_p 和 C_i 分别为中心像元和邻域像元的值。

整幅影像的信息量等于影像中所有像元的信息量之和,表达为

$$I_m = \sum_p I_p \tag{2.39}$$

Wu 等(2004)以某遥感影像为基础,通过利用不同大小的窗口在此影像上的不同位置进行大

C_1	C_2	C_3
C_4	C_p	C_5
C_6	C_7	C_8

图 2.15　中心像元与相邻像元关系

量采样,结合所提出的差值统计模型,计算得到遥感影像数据量和信息量的关系(图 2.16),验证了遥感影像信息量随数据量增加而上升的潜在规律,并发现了数据量增加导致信息量逐渐饱和。

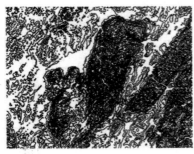

（a）实验数据

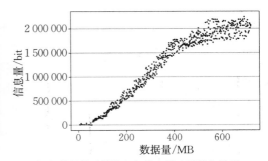

（b）数据量（横轴）与信息量（纵轴）关系

图 2.16　遥感影像数据量和信息量的关系

2.6.3　基于马尔可夫信源的影像信息度量

1. 马尔可夫信息熵

基于遥感影像统计的信息度量模型只考虑影像自身的统计特点,与人的主观判断无关。作为信息论中的信源,遥感影像有其独有的特点。在信息论中,信源是发出消息的源,信源输出的是以符号形式表现的具体消息。如果符号是确定的,而且预先知道,那么该消息就无信息可言。只有当符号的出现是随机的,或者预先无法确定,一旦出现某个符号时,才为观察者提供了信息。实际应用中信源分析方法将根据信源特性而定。按照信源发出的消息在时间上和幅度上的分布情况,可将信源分成离散信源和连续信源两大类。离散信源是指在时间和幅度上都是离散分布的信源,连续信源是指在时间和幅度上都是连续分布的连续消息(模拟消息)的信源。离散信源又分为离散无记忆信源和离散有记忆信源,并进一步分别分为发出单个符号的无记忆信源和发出符号序列的无记忆信源、发出符号序列的有记忆信源和发出符号序列的马尔可夫信源(图 2.17)。

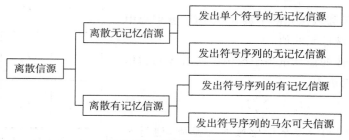

图 2.17　离散信源的分类

发出单个符号的信源是指信源每次只发出一个符号代表一个消息,发出符号序列的信源是指信源每次发出一组含两个以上的符号序列代表一个消息。离散无记忆信源所发出的各个符号是相互独立的,发出的符号序列中的各个符号之间没有统计关联性,各个符号的出现概率是它自身的先验概率。离散有记忆信源所发出的各个符号的概率是有关联的。一般情况下,表述有记忆信源要比表述无记忆信源困难得多,尤其当记忆长度很长甚至无限长时。在实际问题中,往往试图限制记忆长度,即某一个符号出现的概率只与前面一个或有限个符号有关,而不依赖更前面的那些符号,这种信源可以用信源发出符号序列内各个符号之间的条件概率反映记忆特征,这就是发出符号序列的马尔可夫信源。

遥感影像按照存储方式,可分为数字遥感影像和光学遥感影像。数字遥感影像中由于纹理的存在各像元间的灰度是相关的,而其相关性也受区域和范围的影响。按照信源的分类,数字遥感影像应属于离散有记忆信源中发出符号序列的马尔可夫信源,而光学遥感影像由于其灰度具有非离散化特征,属于连续信源。根据对遥感影像信源的分析,王占宏(2004)提出了基于马尔可夫链的影像信息度量模型。对一个具有 256 个灰度值 $g_1, g_2, \cdots, g_{256}$ 的数字影像,灰度 g_i 出现的概率为 p_i,则该数字影像的香农熵定义为

$$H(X) = H(p_1, p_2, \cdots, p_n) = -\sum_{i=1}^{n} p_i \log p_i \qquad (2.40)$$

式中,灰度概率 p_i 可近似取为灰度的频率,表达为

$$p_i = \frac{f_i}{N} \qquad (2.41)$$

其中,f_i 为灰度 g_i 的频数;N 为影像像元的总数,即 $N = \sum_{i=1}^{n} f_i$。对于均匀分布的灰度影像 $p_i = \dfrac{f_i}{N} = 1$,其熵最大。

式(2.40)是从离散无记忆信源的角度计算影像的信息量,但实际影像中任一像元都不是孤立的,由于存在纹理,像元间的灰度是相关的。于是,使用离散有记忆信源的概念计算信息量更能够反映影像的实际情况。

离散有记忆信源的熵可以表达为多个信源的条件熵之和,即

$$H(X) = H(X_1, X_2, \cdots, X_L)$$
$$= H(X_1) + H(X_2 \mid X_1, X_2) + \cdots + H(X_L \mid X_1, X_2, \cdots, X_L) \qquad (2.42)$$

式中,X_i 表示第 i 个信源,L 表示信源的序列长度。

一幅影像的熵即是对整幅影像的信息进行度量,可用于影像的编码,从而对影像进行压缩,但不能对影像的特征进行描述。但是,影像局部区域的熵(可称为影像的局部熵)是对该局部区域信息的度量,可反映影像的特征存在与否。基于此思想以及离散有记忆信源的概念,在确定影像相关范围后,按离散马尔可夫信源计算,可更准确地计算整幅影像的信息量。对于灰度数字遥感影像(信源),其输出序列以二维数字矩阵表示,记为

$$\boldsymbol{E} = \begin{bmatrix} x_{0,0} & x_{0,1} & \cdots & x_{0,n-1} \\ x_{1,0} & x_{1,1} & \cdots & x_{1,n-1} \\ \vdots & \vdots & & \vdots \\ x_{m-1,0} & x_{m-1,1} & \cdots & x_{m-1,n-1} \end{bmatrix} \qquad (2.43)$$

式中,变量 $x_{i,j} \in \{g_0, g_1, \cdots, g_m\}$;若为 256 灰度级的影像,$x_{i,j} \in \{g_0, g_1, \cdots, g_m\} = \{0, 1, \cdots, 255\}$。假设 g_i 仅与前面的 t 个灰度有关,而与更前面的灰度无关,则整幅影像的熵为

$$H(X) = H(X_1 \mid X_{i-1}, X_{i-2}, \cdots, X_{i-t})$$
$$= -\sum_{i=0}^{m} \sum_{j=0}^{t-1} p(g_i \mid g^{i-j}) \log p(g_i \mid g^{i-j}) \qquad (2.44)$$

式中，$p(g_i|g^{i-j}) = p(g_i|g_{i-1}, g_{i-2}, \cdots, g_{i-j}), i-j \geqslant 0$。

2. 像元间相关性

王占宏（2004）从影像局部区域熵入手，利用离散有记忆信源的理论，按照离散马尔可夫信源计算整幅影像的信息量，以消除像元间相关性对信息量的影响。对于 1 幅 256 灰度级影像，任意像元为 $x_{i,j} \in \{g_0, g_1, \cdots, g_m\}$，其中 i、j 表示行列号，g_k 表示灰度（$k = 0, 1, \cdots, m$）。假设 g_k 仅与前面的 t 个灰度有关，而与更前面的灰度无关，则整幅影像的熵为

$$H(X) = H(X_i|X_{i-1}, X_{i-2}, \cdots, X_{i-t})$$
$$= -\sum_{i=0}^{m}\sum_{j=0}^{t-1} p(g_i|g_{i-j}) \log p(g_i|g_{i-j}) \tag{2.45}$$

式中，$p(g_i|g_{i-j}) = p(g_i|g_{i-1}, g_{i-2}, \cdots, g_{i-j}), i-j \geqslant 0$。相关半径 t 是指当前灰度与前面灰度相关的个数，理想状态下，影像上的一个灰度应该与该影像上所有的灰度相关。但考虑遥感影像的地物纹理及人眼对灰阶的辨识度，参考 Photoshop 等软件对灰度的划分规则，相关半径 t 可以取值 13。对于条件概率 $p(g_i|g_{i-j})$ 的计算，则可认为距离灰度 g_i 越近的灰度对其影响越大，灰度间呈线性相关的关系（图 2.18），即 g_i 出现的概率权值为 1，g_{i-13} 出现的概率权值为 0。于是，条件概率 p 可用线性加权平均的方式得到，如图 2.18 所示，表达为

$$p(g_i|g_{i-j}) = \frac{1}{13}\sum_{j=1}^{13} w_j p_{i-j} = \frac{1}{13}\sum_{j=1}^{13}\left(1 - \frac{j}{13}\right) p_{i-j} \tag{2.46}$$

式中，p 表示某灰度出现的概率，w 表示某灰度出现概率的权，j 为相关半径，i 为某灰度序号。显然，这种在经典信息熵模型基础上考虑灰度相关性的信息量计算方式有效地避免了因地物纹理相近而带来的信息冗余。

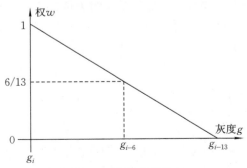

图 2.18　相关灰度的权

2.6.4　基于视觉机制的影像信息度量

在自然图像中，那些相似的图像区域往往表现出自我重复的结构，且具有大量的视觉冗余。由于这些冗余区域所包含的信息量少，它们往往无法吸引视觉关注。

因此,需要发展一种有效的算法度量这些冗余信息。非局部均值(non-local means,NLM)算法是处理图像内容冗余的一种非常有效的方法。根据 NLM 算法的思想,一个内容冗余的图像区域必然与其非局部区域的结构高度相似,从而可以通过计算图像内容的结构相似性来度量该区域的冗余程度。吴金建(2014)据此思想提出了一种非局部自相似性算法来分析图像内容的冗余信息,其计算步骤包括:①通过计算中心像元与非局部区域内像元的结构相似性,得到每个像元的自相似系数,也称为冗余系数;②根据传统的信息熵及冗余系数去除冗余信息,获得视觉信息量;③考虑颜色和尺度因素,在多尺度颜色信息通道上计算图像视觉信息量。

1. 相似性分析

由于相邻像元相互关联,共同提供视觉信息,计算每个像元所具有的视觉信息的关键在于如何估计它与周边像元的相关性。非局部区域影像结构的自相似性是对像元间相关性的一种有效描述。从度量冗余信息的角度来看,影像自相似主要表现在影像某区域跟周边区域的相似性。从直观上来讲,一个具有规则结构的区域比一个具有非规则结构的区域表现得更加冗余,这是因为在规则结构区域中,某些部分内容可以根据其他部分的内容被准确估计。如图 2.19 所示,在太湖地区 Landsat8 卫星影像中,区域 A 和区域 B 有两种不同特征的影像结构。其中区域 A 位于结构高度自相似的太湖湖面上,由于湖面内容存在大量冗余,即使区域 A 被完全遮挡住,观察者也能通过其周围区域的要素推测出它的内容。区域 B 中包含了苏州市区建筑、公园绿地、水面等要素,相对于区域 A,区域 B 包含了更为丰富的信息,如果区域 B 被掩盖,视觉系统则很难根据该影像的其他部分信息重建区域 B 中的要素。因此,结构的自相似性是度量影像内容冗余的有效手段。

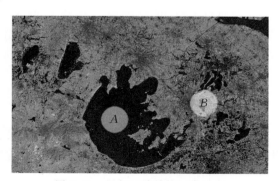

图 2.19　局部区域结构冗余示意

假设 $f(x)$ 为输入影像的某个特征通道内容,向量 $\boldsymbol{F}(x)$ 和 $\boldsymbol{F}(y)$ 分别表示局部空间 $\Omega(x)$ 和 $\Omega(y)$ 中的像元值。根据上述分析原理,这两个局部空间之间的相

似性可表达为

$$S(x,y) = \tau \exp\left(- \frac{\|\boldsymbol{F}(x) - \boldsymbol{F}(y)\|^2}{2\sigma_x^2}\right) \qquad (2.47)$$

式中,σ_x 为一个与 $\Omega(x)$ 相关的参数;τ 用于归一化 $S(x,y)$ 的值,从而保证所有非局部区域内的 $S(x,y)$ 累加值为 1;相似系数 $S(x,y)$ 则表示 $\Omega(x)$ 和 $\Omega(y)$ 中内容的重复度。

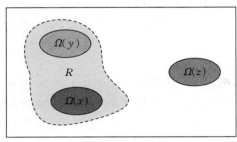

图 2.20　影像自相似性计算

人类视觉系统的研究表明,影像每个像元的自相似更多地取决于其邻近的像元,而不是距离较远的像元。如图 2.20 所示,当计算像元 x 的冗余程度时,需要考虑其对应的局部空间 $\Omega(x)$ 和处于周边区域 R 内的其余相关局部空间。处于区域 R 外的局部空间则可以忽略不计。于是,对于给定的周边区域 R,像元 x 自相似系数为

$$\rho(x) = \sum_{\substack{y \in R \\ y \neq x}} \phi(\|y - x\|) S(x,y) \qquad (2.48)$$

式中,$\phi(\|y-x\|)$ 为一个径向基函数,该函数根据像元 x 与 y 之间的距离衡量 y 对 x 的影响。

2. 影像信息度量

在影像处理中计算影像的信息量时,往往首先统计影像像元值的灰度直方图分布,然后根据香农熵模型计算得到信息熵。同时,对于一个像元 x,往往以该像元所在的一个局部空间 $\Omega(x)$ 的香农熵表示该点的信息量,即 $H(x) = H(\Omega(x))$。在计算信息熵时,通过将局部空间 $\Omega(x)$ 中的像元值投影到 K 个区间上,获得每个区间 $b(b = 1, 2, \cdots, K)$ 上的概率 $p_b(x)$。因此,像元 x 的信息熵可表达为

$$H(x) = - \sum_{b=1}^{K} p_b(x) \log p_b(x) \qquad (2.49)$$

不难看出,式(2.49)仅考虑了像元的灰度统计值分布,而没有考虑像元间的空域分布。需要根据其空域分布特性去除结构冗余并度量图像的视觉信息。根据对图 2.20 的分析,需要从传统的信息熵中去除结构冗余信息,从而获得有效信息量[即像元 x 的有效信息熵,用 $\dot{H}(x)$ 表示]。因此,采用影像内容的冗余系数及经典的信息熵计算方法,可得有效信息量为

$$\hat{H}(x) = (1 - \rho(x)) H(x) \qquad (2.50)$$

　　显然,式(2.50)仅表示了影像中单个信息通道的有效信息量,对于多通道信息量还需要考虑影像的颜色、多尺度等特性。

2.6.5　顾及空间相关性的影像信息度量

　　遥感影像的信息熵能够较好地反映遥感影像所表达信息的多少,它与遥感影像的灰度变化程度直接相关(承继成 等,2004)。设每一个像元的灰度级为一条消息,则一幅经过数字转换的数字影像可以看作一组消息。假设一幅行列像元分别为 n_r 和 n_c 的数字影像有 Q 个灰度级,$p(i)$ 表示第 i 级灰度值出现的概率,可近似地由灰度频率 f_i 计算得到,即

$$p(i) = f_i \bigg/ \sum_{i=1}^{Q} f_i \tag{2.51}$$

于是,影像的单个像元信息熵为

$$H = -\sum_{i=1}^{Q} p(i) \log p(i) \tag{2.52}$$

进而,整幅数字影像的信息量最多可为(当每一灰度级等概率出现时)

$$H_{\max} = n_r \times n_c \times \log Q \tag{2.53}$$

　　利用以上影像信息量计算方法,张盈等(2015)采用 2009 年 3 月 14 日的武汉市 Landsat TM 遥感影像,分别针对城市、农田、山地 3 类不同地物类型进行信息量的计算(图 2.21)。如表 2.4 所示,从不同波段的角度来看,城市的信息量普遍大于农田和山地,而农田和山地的信息量有微小差异。城市和山地在第 5 波段的信息量最大,农田在第 4 波段的信息量最大。综合所有波段来看,城市的总信息量最大,农田和山地的总信息量较相似。图 2.22 更直观地展现了 3 种地物类型的信息量,城市所包含的信息量更加明显,这也符合人们对这 3 种地物类型的信息量的直观理解。由于城市的纹理较细,变化较快,其信息量会明显大于农田和山地这类纹理比较规则、变化比较慢的地物类型。

　　（a）城市　　　　　　　　（b）农田　　　　　　　　（c）山地

图 2.21　Landsat TM 影像

表 2.4　顾及相关性的不同波段影像的信息量　　　　　单位：bit

地物类型	信息量						总信息量
	波段 1	波段 2	波段 3	波段 4	波段 5	波段 7	
城市	4.25	2.79	3.88	4.34	6.18	5.22	26.66
农田	2.5	1.96	2.86	5.74	3.86	3	19.92
山地	2.29	1.52	2.96	3.29	5.04	3.95	19.05

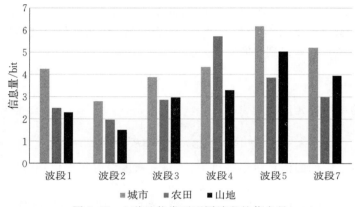

图 2.22　3 种地物类型不同波段的信息量

2.6.6　基于玻尔兹曼熵的影像信息度量

基于香农熵的地图信息模型能够很好地描述地图空间目标类型、数量等组成信息，但难以直观地表达影像地图的空间结构信息。针对这个问题，有学者借鉴热力学中分子在容器内的微观运动模式，结合玻尔兹曼（Boltzmann）熵，提出了影像的结构熵度量模型（Gao et al，2017）。该模型首先采用 2×2 的滑动窗口对遥感影像进行均值滤波（upscaling）操作，获取原始影像的宏观态（低分辨率影像），然后对此宏观态影像采取反滤波（downscaling）操作（图 2.23），获取属于此宏观态影像的所有微观态影像（图 2.24），其中仅有一个微观态影像与原始影像一致。一个 2×2 网格单元微观态的数量 W_u 是每一个宏观态单元潜在微观态数量 M_i 之和，即

$$W_u = \sum_{i=1}^{k} M_i \tag{2.54}$$

式中，k 是给定宏观态集合元素的数量。

一幅遥感影像微观态（W）总数量是所有单个宏观态单元潜在微观态数量和（W_u）的乘积，即

$$W = \prod_{j=1}^{n} W_{u,j} \tag{2.55}$$

式中，$W_{u,j}$ 是第 j 个宏观单元的 W_u 值。

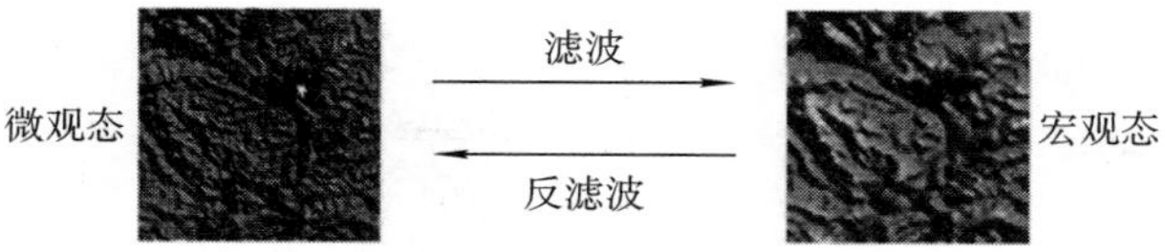

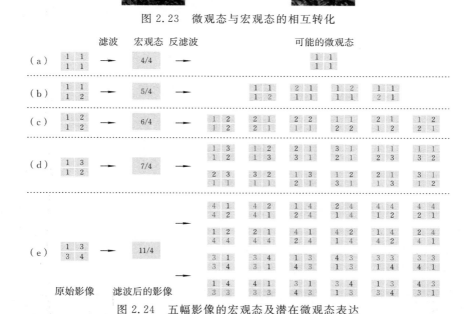

图 2.23 微观态与宏观态的相互转化

图 2.24 五幅影像的宏观态及潜在微观态表达

根据式(2.55)采用玻尔兹曼熵模型计算得到遥感影像的结构熵,即

$$S_R = k_B \lg(W) = \lg(W) \tag{2.56}$$

式中,玻尔兹曼常量 k_B 设置为 1(Cushman,2016)。由式(2.56)计算得到的遥感影像结构熵反映了从宏观态影像到原始影像的不确定性,可以看作原始影像相对于其宏观态的结构熵,这种熵称为相对熵。如图 2.25 所示,相邻层级的每两幅遥感影像之间都可以计算出一个相对熵,因此,可以得到一系列相对熵。所有原始影像相对熵的总和构成绝对熵,即

$$S_A = \sum_{q=0}^{t-1} S_R(L_q) \tag{2.57}$$

式中,t 表示原始影像所有缩放层级的层次之和,L_q 表示第 q 级的遥感影像,$S_R(L_q)$ 是根据式(2.56)计算得到的第 q 级的影像相对结构熵,最高级别遥感影像的相对熵为 0。

因此,综合式(2.55)至式(2.57)可以得出遥感影像的绝对熵变形公式,即

$$S_A = \lg\left(\prod_{q=0}^{t-1} W(L_q)\right) \tag{2.58}$$

式中,$W(L_q)$ 是根据式(2.55)得出的第 q 级的微观态数量。

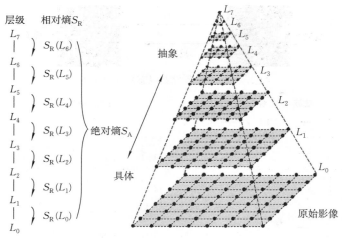

图 2.25　影像层级 L、绝对熵(S_A)与相对熵(S_R)

　　如图 2.26 所示,实验采用四组共八个区域的 DEM 影像作为原始数据,根据玻尔兹曼熵模型分别得到其信息量,实验结果如表 2.5 所示。在每组数据对比中,前者影像信息量明显大于后者,这与人类视觉认知相符,证明了玻尔兹曼熵模型能够成功度量遥感影像的无序程度。

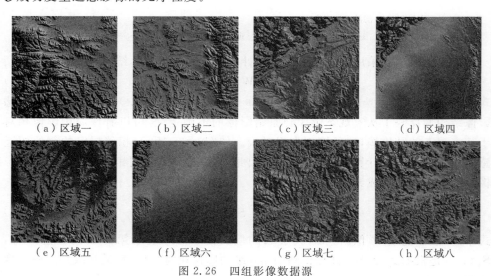

图 2.26　四组影像数据源

表 2.5　实验影像对应熵值

影像区域	熵值	影像区域	熵值	影像区域	熵值	影像区域	熵值
区域一	1.2×10^8	区域三	9.3×10^7	区域五	8.5×10^7	区域七	1.4×10^8
区域二	1.0×10^8	区域四	4.3×10^7	区域六	3.1×10^7	区域八	1.1×10^8

第3章 点状专题地图空间信息度量

3.1 引　言

　　点要素是地图空间信息最基本、最主要的载体之一。依据相应比例尺的制图原则,在地图上只能采用一个或一组点要素来表示现实世界中面积很小或呈点状分布的地物(服务设施、政府驻地等)的空间位置。专题地图上点要素可分为孤立点、节点和结点三种类型,它们的区别主要在于隐含着不同的拓扑结构。点状专题地图在表现形式、表达对象、拓扑关系、聚集形态等方面都存在固有特征,如何准确度量点状专题地图载负的空间信息是解决地图信息度量的首要问题。

　　点状专题地图载负的空间信息主要是通过点要素的空间位置特征以及空间分布传达的。地图要素的细节表达遵循点构成线、线组成面的基本原则,作为地图要素的基本组成部分,不同空间位置的点(如曲线的拐点和中间连接点)起到不同程度的作用,因此,有必要从节点重要性的角度分析单个点要素的空间信息度量方法。此外,从点状专题地图上的点要素的空间分布来看,点状专题地图的空间信息主要产生于点要素空间分布的多样性和差异性。基于经典香农熵的概率统计信息度量模型显然不足以全面衡量点状专题地图的空间信息,因而需要研究既顾及局部细节特征又不失全局特征的点状专题地图空间信息度量模型。鉴于此,本章采用从单个点要素特征到多个点要素分布的思路,系统地探讨点状专题地图空间信息的特征、构成以及度量模型。

3.2　节点的空间重要性程度定量描述

　　如上所述,地图上的点要素可分为孤立点、节点和结点三类,不具备形状、大小等空间属性特征。因此点要素的信息量由其重要性程度决定。

　　(1)孤立点通常表示地面控制点、点实体或被综合为点的面状实体,如电杆、公交站点和小比例尺地图上的城镇等;也用于表示空间分布的现象,如某种流行性疾病的病例分布等。因此,孤立点的重要性程度与该实体及其周围实体的属性和分布紧密相关。

　　(2)节点是线要素或面要素边界的定位点,用于控制曲线的空间分布位置和转折。因此,节点通常表示曲线上方向发生转折的点。一般来说,节点不能独立表示空间实体,它的重要性程度与其在曲线上所处位置有关。

(3)结点是具有网络连通结构性质的点要素,如公交网中的站点、输电线路中的中转站、地下管网中的分叉接头等。结点的重要性程度通常取决于结点的承载能力,承载能力越大,结点越重要。例如交通枢纽中四通八达的结点重要性程度最大,这类结点若瘫痪会给交通网的正常运行带来致命的影响。

Attneave(1954)发现,在曲线上,不同节点有不同丰富程度的空间信息量,在曲线化简过程中保留那些蕴含信息量大的节点,可以尽可能保持曲线的几何形态,避免曲线空间信息量的大量丢失。因此,节点的重要性程度体现在其表达曲线的几何形态和结构特征的能力方面。而一个节点对曲线形态或结构控制的能力主要取决于该节点与相邻的两个节点之间的空间位置和方向关系,并且这种关系可以采用距离、面积或角度等进行描述。下面具体阐述几种常用的基于距离、面积或角度的节点重要性程度描述方法。

3.2.1　角度法

在角度法中,节点的重要性是基于节点控制曲线方向的能力进行判断的。由于节点控制着曲线的转折,删除曲线上某个节点,将导致其邻接曲线段的方向发生

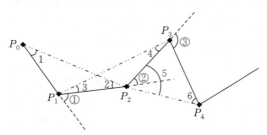

图 3.1　基于角度的节点重要性程度

改变,改变的方向大小与节点控制的转折方向大小相等。如图 3.1 所示,删除节点 P_1,则曲线段 $P_0 P_1 P_2$ 变成 $P_0 P_2$,曲线方向改变大小为 $\angle 1 + \angle 2 = \angle ①$;删除节点 P_2,曲线方向改变大小为 $\angle 3 + \angle 4 = \angle ②$;删除节点 P_3,曲线方向改变大小为 $\angle 5 + \angle 6 = \angle ③$。 由此可知,从曲线方向控制的

角度,节点的重要性程度取决于节点与前后相邻节点形成的夹角的补角大小。补角越大,节点对曲线的转折作用越大,从而重要性越大。

3.2.2　面积法

曲线上节点控制着曲线的转折,不同的转折对应着不同的曲线扫描范围。面积法节点重要性是基于其对扫描面积的控制进行判断的。删除曲线上某个节点,将导致曲线的扫描面积发生改变,面积改变越大,节点控制作用越大,从而节点的重要性越大。如图 3.2 所示,删除节点 P_2 造成曲线扫

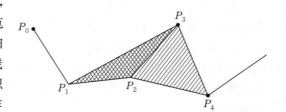

图3.2　基于面积的节点重要性程度

描面积发生与△$P_1P_2P_3$面积大小相等的变化,删除节点P_3造成曲线扫描面积发生与△$P_2P_3P_4$面积大小相等的变化。由此可知,节点与其前后相邻节点围成的三角形面积越大,节点对曲线扫描面积的控制作用越大,从而节点的重要性越大。

3.2.3　垂比弦法

　　垂比弦法节点重要性是基于节点控制曲线偏移直线垂向的距离进行判断的。删除曲线上某一个节点,将导致曲线偏移原来位置一段距离,偏移距离越大,表明节点对曲线的控制作用越大,从而重要性越大。如图 3.3 所示,若删除曲线上节点 P_2,则曲线段由 $P_1P_2P_3$ 变成 P_1P_3,相当于 P_2 移动到 P'_2(位于线段 P_1P_3 上)的位置,发生的最小距离偏移值即为 P_2 到 P_1P_3 的垂距。该垂距对曲线的

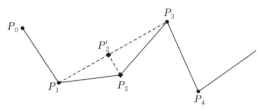

图 3.3　基于垂比弦的节点重要性程度

控制作用与 P_1P_3 的长度相关,P_1P_3增大,垂距的控制能力相对减弱,从而取垂距与弦 P_1P_3 的长度比值作为节点重要性程度描述指标。

3.2.4　弧比弦算法

　　曲线化简应尽可能保留线要素上蕴含丰富信息的节点,并尽可能保持曲线的几何形态,避免曲线空间信息量的大量丢失。目前,许多学者通过考虑线要素的不同几何特征(如曲折、曲率),分别提出了相应的线要素化简方法,其中,经典的弧比弦算法具有曲线化简结果与原始曲线符合程度高、精确保持曲线弯曲的特征转折点等特点,但在曲线化简中有时会出现连续节点被剔除的现象而影响化简结果,即关键点的保持性能不够优越。

　　1. 经典弧比弦算法及其特点

　　弧比弦法是基于节点对曲线长度的控制能力提出的。与垂比弦法不同的是,弧比弦法在一定支撑域内采用两点之间的弧长和相应弦长的比值作为重要性程度描述指标。比值越大,表明由该节点控制的曲线长度越长,因而重要性越大。如图 3.4 所示,该算法定义节点 P_i 的重要性 $LC(i)$ 为

$$LC(i)=L_i/C_i \quad (1 \leqslant i \leqslant n-1) \tag{3.1}$$

式中,L_i 为曲线落在 P_i 的支撑域内的曲线长度,C_i 为 P_i 的支撑域与曲线相交并紧邻 P_i 的两交点连线的长度。每个节点都有它自身的一个支撑域。节点的支撑域可视为一种范围,即在不同的范围内节点有不同的重要性。

　　弧比弦算法的基本思想就是根据节点重要性取舍节点,实现的主要步骤可以概括如下:

（1）求取曲线长度与节点数的比值，以此作为曲线支撑域的半径值 R。

（2）以曲线上第一个节点和最后一个节点为关键点，从曲线第二个节点至倒数第二个节点构建弧比弦函数，计算每个点的弧比弦值 $LC(i)$。

（3）找出函数 $LC(i)$ 的最大值，以此最大值为关键点，将曲线分为两部分。

（4）分别对两部分曲线循环执行步骤（2）、（3），直到计算得到的弧比弦值 $LC(i)$ 小于给定的阈值。

（5）全部的关键点按照原有曲线的次序生成化简后的曲线。

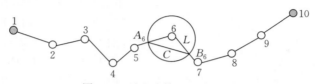

图 3.4　弧比弦算法基本原理

弧比弦算法在与原始曲线符合程度和曲线弯曲特征保持方面具有较好的效果。但是可以发现，经典弧比弦算法的支撑域的半径 R 对于整条曲线上所有节点来说是一个固定值。在这种情况下，如果曲线节点的密度不均匀或者太稀疏，很可能产生连续的节点剔除，使曲线产生较大的变形，从而导致线要素化简效果不佳。如图 3.5 所示，曲线化简时局部出现明显的连续节点剔除而使曲线发生较大变形。经典弧比弦算法要求输入一个算法终止的弧比弦值阈值，在实际操作中这一阈值很难精确确定，从而造成该算法使用困难。因此，弧比弦算法不足之处在于：①可能产生连续的节点剔除，使局部曲线形状有较大的变形；②算法终止阈值设定比较困难，不利于地图综合的实践。针对这些不足，下面提出一种改进的弧比弦算法。

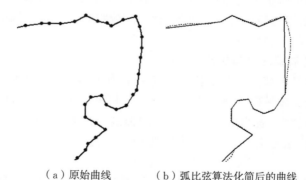

（a）原始曲线　　　（b）弧比弦算法化简后的曲线

图 3.5　弧比弦算法连续节点剔除的不足

2. 改进的弧比弦算法

针对弧比弦算法的第一个不足，此处提出改进弧比弦值的计算方法。如图 3.6 所示，P_3 点的弧比弦度量值，用 P_3 到 P_2 的距离 L_3 及 P_3 到 P_4 的距离 L_4

之和(即弧的长度之和)与 P_2 和 P_4 的距离 L_{24}(即弦的长度)之比来计算,从而使曲线具有不同节点密度时,能够更加自适应原始曲线,优化其化简效果。

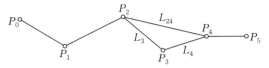

图 3.6　增强支撑域的自适应弧比弦算法

对于给定的算法终止的弧比弦阈值,改进了弧比弦算法的迭代过程,设定化简后曲线节点的上限,从而提高了算法的可操作性。于是,改进的弧比弦算法包括以下三个步骤:

(1)以曲线上第一个节点和最后一个节点为关键点,从曲线第二个节点至倒数第二个节点,计算每个节点的改进弧比弦值,即节点到相邻两点的弧长之和与相邻两点间的弦长的比值。

(2)找出其中改进的弧比弦值最小的点,将其从曲线中剔除并生成新曲线。

(3)对新的曲线循环步骤(1)、(2),直到曲线的节点少于规定数量为止。

从上述过程分析可知,改进的弧比弦算法不仅可以有效地避免经典弧比弦算法中连续节点剔除的问题,优化其化简效果,也可以避免分析确定算法终止弧比弦阈值的操作,只要给定化简比例或者化简点个数即可完成弧比弦算法,提高可操作性。

3. 改进算法的效果分析

Douglas-Peucker(道格拉斯-普克)算法和 Li-Openshaw(李-奥彭肖)算法被认为是最典型的曲线化简算法,故选取 Douglas-Peucker 算法、Li-Openshaw 算法、经典弧比弦算法、改进的弧比弦算法进行分析与评价。实验采用华东某市 1∶1 万地图数据,在相同的参数条件下,即利用相同的压缩比保留相同数量的节点,分别采用前述四种算法进行化简。图 3.7 为地图上的局部曲线数据化简前后结果的比对,其中细虚线为原始曲线,粗实线为化简后曲线。

对比化简结果可以看出,改进的弧比弦算法结果在形状保持上要比经典弧比弦算法更好,保证了弯曲的精确性,避免了连续节点剔除带来的较大局部曲线变形。通过判读 1∶1 万地图数据的化简结果,可以看出:改进的弧比弦算法局部吻合度优于原算法;Douglas-Peucker 算法在图形的相似性、曲线弯曲特征保持的精确性方面都较好;Li-Openshaw 算法对原始曲线的整体吻合度较好,但由于它不是在原始曲线上通过节点剔除进行化简,而是用新生成的点来代替原曲线上的点,所以节点偏离较大。从整体上可以看出,改进的弧比弦算法总体上优于经典弧比弦算法,甚至在局部特征上优于 Douglas-Peucker 算法和 Li-Openshaw 算法,算法性能得到明显改善。

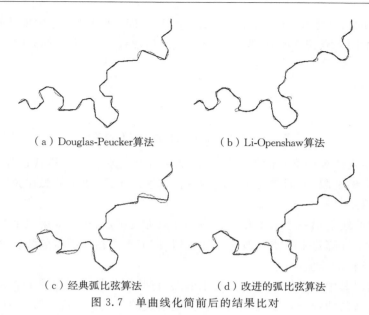

（a）Douglas-Peucker算法　　　　　（b）Li-Openshaw算法

（c）经典弧比弦算法　　　　　（d）改进的弧比弦算法

图 3.7　单曲线化简前后的结果比对

　　对比经典弧比弦算法和改进的弧比弦算法，选取其中部分节点的弧比弦值进行对比。如图 3.8 所示，改进算法对一些较小的弧比弦值进行了局部放大，但其在化简过程中被保留，使曲线局部特征得到更好的保持，从而优化了算法效果，改善了算法性能。

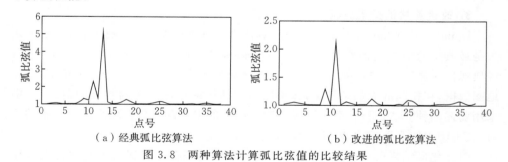

（a）经典弧比弦算法　　　　　　　　（b）改进的弧比弦算法

图 3.8　两种算法计算弧比弦值的比较结果

3.3　节点空间信息度量

3.3.1　节点空间信息度量方法

　　正如 Attneave(1954)所指出的，重要性程度高的节点载负着更多的空间信息量。基于这种考虑，选取节点的重要性特征的描述指标，建立一种基于节点重要性程度的节点空间信息度量方法。设节点 p_i 的重要性程度指标标准化值为 $S(p_i)$，

则其空间信息量可表达为

$$I(p_i) = \log(S(p_i) + 1) \tag{3.2}$$

下面首先建立一种改进的弧比弦算法来定量描述点的重要性程度,并进一步发展点要素空间信息量的计算方法。

如图 3.9 所示,如果删去节点 B,则弧段 ABC 变为线段 AC,中间的弯曲部分被替代。若弯曲半径大,则线段 AC 与弧段 ABC 近似;反之,若弯曲半径小,则线段 AC 与弧段 ABC 差异将较大。由此可见,节点 B 的重要性取决于它与节点 A、C 间的关系。于是,弧比弦值可作为线要素的节点重要性程度描述指标。

考虑线要素上相邻节点之间的距离值分布有较大差异,并且有可能存在极小值,在垂线弦长比的基础上引入支撑域,这里的支撑域是以节点为圆心、以固定长度为半径的圆。如果节点和相邻节点的连线段与支撑域有交点,则用此交点代替相邻节点参与弦长和垂距的计算,从而避免相邻节点间距离相差太大而使节点重要性程度出现异常极小值的现象。为此,采用改进的弧比弦值定量描述节点的重要性程度,并进一步用来度量点要素的空间信息量。

以图 3.9 中节点 B 为例,弧长是两部分距离之和,即 B_1 与节点 B 的距离加上 B_2 与节点 B 的距离,弦长是 B_1 和 B_2 的距离。这里 B_1 是节点 B 的支撑域(即虚线表示的圆)与 AB 连线段的交点,B_2 是支撑域与 BC 连线段的交点。支撑域半径 R 取值为曲线的总长度与曲线的节点(端点除外)数 V 的比值。

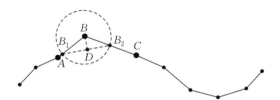

图 3.9　节点的重要性和节点与相邻节点间的关系

从线要素第二个节点到倒数第二个节点,分别计算每个节点的重要性程度 $S(p_i)$,表达为

$$S(p_i) = \frac{V(p_i)}{C(p_i)} \tag{3.3}$$

式中,$2 \leqslant i \leqslant n-1$,$n$ 为线要素的节点个数,$V(p_i)$ 为节点 p_i 到相邻两个支撑域节点连线间的垂线距离,$C(p_i)$ 为与其相邻两个支撑域节点连线的长度,$2 \leqslant i \leqslant n-1$。首尾节点的重要性程度值分别用第二个和倒数第二个节点的重要性程度值取代。于是,对于线要素 L,将各个节点 p_i 的重要性程度值 $S(p_i)$ 代入式(3.2),则可以得到线要素上所有节点的信息量为

$$I(L) = \sum_{i=1}^{n} \log(S(p_i) + 1) \tag{3.4}$$

以图 3.9 为例,节点 A、B、C 的信息量分别为 0.04 bit、0.49 bit、0.24 bit。容易发现,节点在曲线形态表达中越重要,其信息量越大。

3.3.2 实验与分析

为了测试以节点重要性程度为特征描述指标的节点空间信息度量方法的合理性和有效性,下面选取我国华南地区 1∶100 万比例尺河网地图上的一条河流,计算其节点的总信息量,然后对该线状河流进行化简后再计算其节点的信息量。实验采用 VS 2008. NET+ArcEngine 9.3 二次开发编制相应的程序模块。

采用改进的弧比弦算法、Douglas-Peucker 算法对河流线要素进行化简,化简比例达到原始数据量 30% 后的结果如图 3.10 所示。原始线要素及化简后线要素的节点的空间信息量计算结果分别为 57.1 bit、30.3 bit、33.4 bit。原始河流线要素的节点是完整的,而化简过程是选择性地去掉其中部分节点,因而化简后线要素的节点信息量比原始线要素的节点信息量少。下面分析化简算法选择重要节点的能力。在 Douglas-Peucker 算法中,逐次选取备选节点中垂直偏离最远的点,因而在一定程度上保证了每次迭代的节点都是最优选择。改进的弧比弦算法是以弧长与弦长的比值为化简选取的依据。如图 3.11 所示,两段弧的弧比弦值相同,但是它们的弯曲程度明显不一样,从而这两个弧段的中间节点的重要性程度原本是不同的。同样,不同的弧比弦值所对应弧的中间节点重要性程度相同的情况也是存在的。因此,改进的弧比弦算法不能较好地保证被选取节点的重要性程度比被删除节点的重要性程度高。根据以上分析可知,Douglas-Peucker 算法能够更好地保留重要性程度高的节点,实验计算结果符合这一规律。

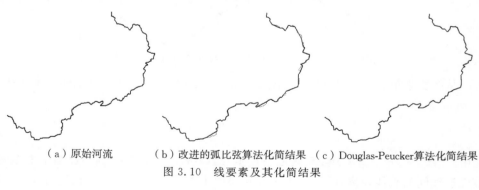

（a）原始河流　　　（b）改进的弧比弦算法化简结果　（c）Douglas-Peucker算法化简结果

图 3.10　线要素及其化简结果

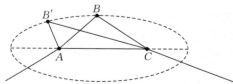

图 3.11　构成相同弧比弦值的不同弯曲程度的中间节点

3.4　点状专题地图空间信息认知

3.4.1　点状专题地图的空间特征分析

从地图空间信息认知的角度,点状专题地图的空间信息主要产生于点要素空间分布的多样性和差异性。如图 3.12 所示,两幅地图具有相同图幅范围和点要素数目,其中图 3.12(a)点要素空间位置分布均匀,即点要素间相对空间位置关系差异性较小,而图 3.12(b)点要素空间位置分布不均匀,点要素间相对空间位置关系差异性大,进而导致视觉感知结果是图 3.12(a)的空间分布较为简单,而图 3.12(b)的空间分布较为复杂。因此,图 3.12(a)相比图 3.12(b)所包含的点位分布空间信息量小。而根据现有的地图空间信息度量方法[如 Li 等(2002)提出的基于Voronoi 区域面积的度量方法],在"均匀平衡状态"下信息量达到最大,也就是说,图 3.12(a)点状图的几何信息量要比图 3.12(b)大。这表明,现有的地图空间信息度量方法机械地套用建立在通信领域信息论基础上的香农熵模型,即简单地以个体与总体比值为概率而不考虑个体间差异性的方法,导致度量结果有悖于空间认知和信息产生的本质(即多样性或差异性)。

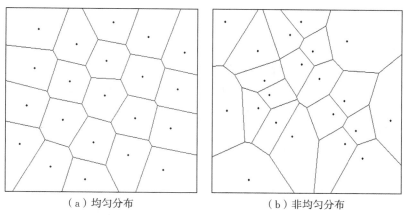

（a）均匀分布　　　　　　　　　　（b）非均匀分布

图 3.12　不同空间分布的点状专题地图

在地图信息内容的认知方面,点状专题地图的空间信息不仅包括点要素分布产生的信息,还包括点状专题地图上隐式表达的点群信息,这部分信息与点要素个体分布产生的信息内容是不同的。现有研究大都将点状专题地图的信息内容描述为几何信息、拓扑信息、专题信息。这种描述方式考虑了要素个体及其分布特征,却忽略了地图上普遍存在的要素聚集形成的聚群结构特征。事实上,聚群结构是地图表达和空间分析的一类重要集合对象(艾廷华 等,2002;毛政元,2007;江浩等,2009),通过分析聚群结构可以提取客观世界中存在的空间相关规律,以提供辅助决策支持。同时,点的聚群结构分布信息通常是进行点要素合并或典型化等操作的依据(闫浩文 等,2005)。综上分析,点状专题地图的信息内容可以描述为几何信息、拓扑信息、专题信息和聚群结构信息。下面着重讨论点状专题地图的空间信息,即几何信息、拓扑信息和聚群结构信息。

3.4.2　点状专题地图的空间信息构成

Sukhov(1967)从制图学角度首次将信息概念引入了地图学并提出了符号类型信息熵,明确了地图信息产生的本质为地图要素的多样性。Neumann(1994)指出空间差异性是地图信息产生的本质。从地图信息的内涵可知,人们之所以能够从地图上获得丰富的信息,是由于地图要素及其分布特征的多样性或差异性。点要素不具备形状和大小特征,只有几何位置特征,若不考虑专题属性,则点状专题地图的信息主要产生于点要素空间分布特征的多样性与差异性,这主要表现在几何分布密度、拓扑邻接和聚群结构等方面。如图 3.13 所示,三组点状专题地图中,(a)与(b)之间的空间差异主要体现在点要素几何分布方面,与点要素间的分布密度直接相关,这类差异产生的信息称为几何分布信息;(c)与(d)之间的差异主要体现在点要素拓扑邻接关系方面,与点要素的拓扑邻接度相关,这类差异产生的信息称为拓扑邻接信息;(e)与(f)之间的差异主要体现在点要素的聚群结构方面,包括点群结构的数量、点群结构中点要素数量及其分布特征的多样性,这类差异产生的信息称为聚群结构信息。

结合点状专题地图空间信息内容的构成,下面从点要素的几何分布特征、拓扑结构特征和聚群结构特征出发,分别研究这些特征的定量描述指标,并采用基于特征的信息量计算模型分别度量点状专题地图的几何分布空间信息量、拓扑邻接空间信息量和聚群结构空间信息量。

点状专题地图的几何分布特征表现为聚集程度,可以通过点要素分布密度的差异性来反映分布的均匀性程度。点要素的分布密度由相邻点要素间的距离和方向关系共同决定,数值上与对应 Voronoi 区域面积成反比。Voronoi 区域面积越大,要素分布越稀疏,总体上要素数量越少,对应信息量也越少;Voronoi 区域面积差异越大,点位分布越不均匀,分布形式越丰富,对应信息量越大。由此可见,由点要素几何分布特征产生的几何信息量与点要素 Voronoi 区域面积及其差异性的大小分别成负相关和正相关的关系。在点状专题地图的拓扑邻接特征方面,Voronoi图对应的拓扑相邻是主要的邻接关系,一般用拓扑邻接度表示。拓扑邻接度反映了要素之间的连通性,邻接度的差异反映了空间连通关系的差异,差异越大则拓扑信息量越大。在点要素分布的局部结构特征方面,聚群结构是空间分布分析的重要对象。目前,国内外学者对聚群的描述参数进行了大量研究,归纳点群描述参数

为点数、Voronoi 面积及邻接度、点间距离、分布范围、分布密度、分布形状和分布
轴线(艾廷华 等,2002;闫浩文 等,2005;毛政元,2007;江浩 等,2009)。从空间认
知角度,点群中的点数反映点群规模;几何分布范围反映点群的聚集性程度;分布
密度与点数及分布范围相关,同时也反映了松散耦合性,具有独立特征性质。如
图 3.14 所示,点群①与②的分布范围、点群①与③的点数分别接近,但由于分布密
度存在差异而使点群结构不同,点群①的分布密度大,显然其耦合性程度高;点群
②与③中的点数、分布范围虽有较大差异,但分布密度非常接近,点群内松散耦合
性程度基本相等;点群③与④的点数和密度接近,但点群③呈圆盘状分布,而点群
④呈带状分布,致使点群③的分布面积比点群④大,从而两个点群存在差异,视觉
上点群③与④具有不同的结构。据此,本书选择点要素数量、分布密度、分布面积
等指标描述聚群结构特征。

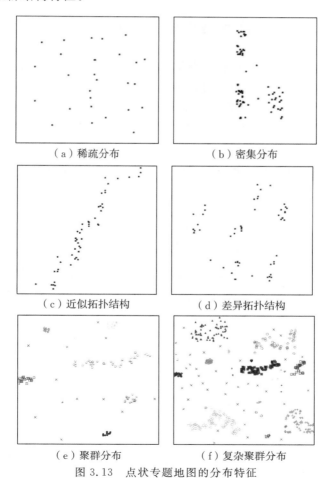

(a)稀疏分布   (b)密集分布

(c)近似拓扑结构   (d)差异拓扑结构

(e)聚群分布   (f)复杂聚群分布

图 3.13 点状专题地图的分布特征

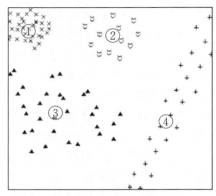

图 3.14　点群结构特征

3.5　点状专题地图空间信息层次度量

从点要素分布特征的视角分析点状专题地图上各种类型的空间信息时,可以提出点状专题地图空间信息由几何分布信息、拓扑邻接信息、聚群结构信息构成。进而,结合地图空间信息的要素分布差异性本质,分析点状要素分布与空间信息量的关系,从几何分布特征上选择点要素对应的 Voronoi 区域面积,从拓扑邻接特征上选择 Voronoi 区域的一阶邻接度,从聚群结构特征上选择点数、分布面积和分布密度,并将其作为特征的描述指标,借助基于特征的信息量计算模型,分别建立几何分布信息量、拓扑邻接信息量、聚群结构信息量的度量方法,具体研究策略如图 3.15 所示。

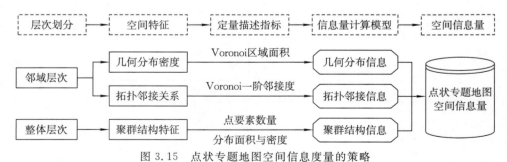

图 3.15　点状专题地图空间信息度量的策略

3.5.1　点状专题地图几何分布信息度量

几何分布信息由点要素分布密度及其差异性产生,信息量的大小与总体密度大小和局部密度间的差异大小成正相关关系。局部密度可由 Voronoi 图间接表达,大小与点要素的 Voronoi 区域面积成反比。Voronoi 区域面积在物理意义上表达的是其中心点要素的辐射范围,这不仅与周围点要素分布相关,同时也与点要素自身辐射能力相关。如图 3.16 所示,两幅专题地图上的点要素及其分布完全相同,图幅范围不同,所对应的 Voronoi 图也不尽相同,但这主要发生在边界处。下面通过设置阈值对边界进行收缩处理构建 Voronoi 图,其中阈值可取德洛奈(Delaunay)三角网内部边长的平均值。因此,通过收缩处理构建的 Voronoi 图只与要素及其空间位置分布相关。

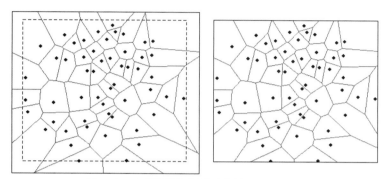

图 3.16　不同图幅范围对应的 Voronoi 图

考虑点要素对应 Voronoi 区域面积与局部分布密度成反比的关系,建立改进的 Voronoi 图后,取 Voronoi 区域面积作为几何分布特征的描述指标,代入基于特征的信息量计算模型,即式(2.34),得到点状专题地图的几何分布信息量 I_{Geometry},表达为

$$I_{\text{Geometry}} = \sum_{i=1}^{N} \log\left(\frac{|V_i - \overline{V}|}{V_{\max}} + 1\right) \tag{3.5}$$

式中, V_i 为第 i 个点要素对应的 Voronoi 区域面积, $\overline{V}$、$V_{\max}$ 分别为 Voronoi 区域面积的平均值和最大值。以 2 为底的对数计算得到的信息量的单位为比特,下同。

3.5.2　点状专题地图空间关系信息度量

点要素间的拓扑关系只有两种,即相离和相重。若不考虑专题属性,则相重的关系通常没有含义,即点状专题地图的拓扑关系都为相离。进而,可以借助点要素的 Voronoi 区域间的关系将相离关系进一步区分为一阶邻接、二阶邻接和 k 阶邻接(陈军 等,2004)。这里,邻接程度选择点要素所对应 Voronoi 区域的一阶拓扑邻接度作为点要素拓扑特征的描述指标,并对其进行规范化处理后代入式(2.34),可得由拓扑邻接特征产生的点状专题地图拓扑邻接信息量 I_{Topology},表达为

$$I_{\text{Topology}} = \sum_{i=1}^{N} \log\left(\frac{|T_i - \overline{T}|}{T_{\max}} + 1\right) \tag{3.6}$$

式中, T_i 为第 i 个点要素对应的 Voronoi 区域的一阶邻接度, $\overline{T}$、$T_{\max}$ 分别为点要

素对应 Voronoi 区域一阶邻接度的平均值和最大值。

3.5.3   点状专题地图聚群结构信息度量

点状专题地图上的与群体现象相关的信息通过点群结构表达。例如,通过分析病例的聚群结构特征可以了解地域、环境、气候特征与疾病的相关性,提取城市群结构可以研究城市生长规律。研究点群首先需要提取聚群结构,这通常是通过聚类来实现的。目前,很多学者对空间聚类方法开展了研究(邓敏 等,2010b)。考虑点群结构内部耦合性强而点群间点要素松散的特点,下面采用基于 Delaunay 三角网的距离密度约束聚类方法提取点群结构(刘启亮 等,2011)。对图 3.17(a)中点状专题地图构建 Delaunay 三角网后生成 Voronoi 区域,得到图 3.17(b),再通过迭代设置阈值打断三角网边,形成簇后聚类得到点群结构的分布图,即图 3.17(c),在视觉上该结果能较好地顾及群内和群间的点要素距离约束,使群内凝聚程度高而群间凝聚程度低。

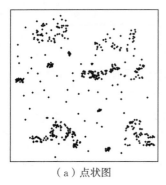 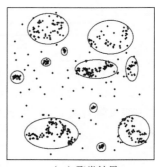

(a) 点状图   (b) 生成Voronoi图   (c) 聚类结果

图 3.17   点要素聚类过程

设点状专题地图经过聚类得到 M 个点群结构,采用各个点群结构包含的点要素个数 N_j、点群分布面积 A_j、整体密度 D_j 作为主要描述参数,三个特征参数的平均值分别为 $\overline{N}$、$\overline{A}$、$\overline{D}$。 对点群结构描述参数进行规范化处理后,可建立点群结构多样性产生的聚群结构信息量 $I_{\text{Structure}}$,表达为

$$I_{\text{Structure}} = \sum_{j=1}^{M} \log\left(\frac{N_j}{\overline{N}} + 1\right) + \sum_{j=1}^{M} \log\left(\frac{A_j}{\overline{A}} + 1\right) + \sum_{j=1}^{M} \log\left(\frac{D_j}{\overline{D}} + 1\right) \quad (3.7)$$

3.5.4   实验与分析

为了验证本节所提出的空间信息层次度量方法的合理性,下面选取两组点状专题地图进行实验。

实验一截取了地图范围大小和要素数量相同而分布均匀程度不同的一组数据,如图 3.18 所示(多边形为点要素的 Voronoi 区域)。实验分别采用本节提出的层次度量方法和基于信息熵的度量方法(Bjørke,1996;Li et al,2002;Harrie et al,2010)计算点状专题地图的空间信息量,结果见表 3.1。从图 3.18 可以看出,均匀分布相对简单,要素之间的差异小,而非均匀分布的整体复杂度大,要素之间的几何分布和拓扑邻接较多元化,从空间认知角度,容易判断出非均匀分布的点状专题地图的空间信息量要大于均匀分布的空间信息量。可以看出,由层次度量方法计算得到的结果符合人的空间认知,而基于信息熵的度量方法出现相反的趋势。因此,层次度量方法较基于信息熵的度量方法具有明显的合理性。

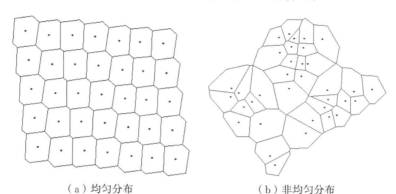

（a）均匀分布　　　　　　　　（b）非均匀分布

图 3.18　不同空间分布的点状专题地图

表 3.1　不同空间分布的点状专题地图空间信息量计算结果　　单位:bit

分布特征	层次度量方法		基于信息熵的度量方法	
	几何分布信息量	拓扑邻接信息量	几何信息量	拓扑信息量
均匀分布	1.05	3.93	5.13	5.09
非均匀分布	8.82	6.69	4.93	5.06

实验二的数据源自某疾控部门提供的新生儿低体重病例分布数据,根据一定范围大小区域内病例数量差异选取了具有代表性的三个区域点状专题地图数据,图 3.19(a)、(b)、(c)为选取的三个区域的点状专题地图。

实验中,先对专题地图点要素构建约束 Voronoi 图,获得点要素的 Voronoi 图,如图 3.19(d)、(e)、(f)所示。计算各点要素对应 Voronoi 区域面积,分别将 Voronoi 区域面积和 Voronoi 一阶邻接度作为描述指标,计算地图的几何分布信息量和拓扑邻接信息量。然后,根据点要素 Voronoi 邻接关系建立 Delaunay 三角网。对三角网的边依次施加整体到局部的统计距离约束,打断三角网中的不一致边(长边或链),获得一系列子图,每个子图形成一个空间簇,即聚群结构,如图 3.19(g)、(h)、(i)所示。其中,未被聚入任何空间簇的点为离群点。分别统计每个聚群结构的点要素数目、分布面积、分布密度特征的描述指标,即可计算得到点状地图聚群结构信息量。同时,根据已有的基于信息熵的度量方法,利用点要素的 Voronoi 区域面积和 Voronoi 邻接度计算获得点状专题地图的几何信息量、拓扑信息量。计算结果见表3.2。

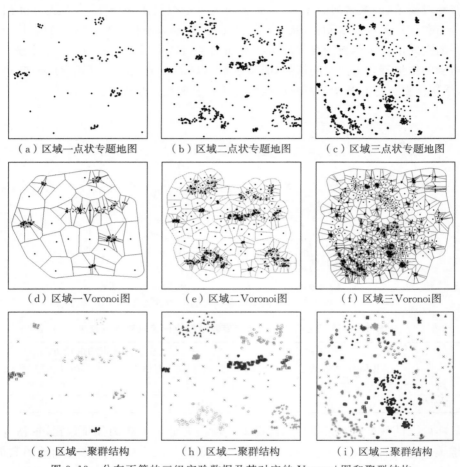

（a）区域一点状专题地图	（b）区域二点状专题地图	（c）区域三点状专题地图
（d）区域一Voronoi图	（e）区域二Voronoi图	（f）区域三Voronoi图
（g）区域一聚群结构	（h）区域二聚群结构	（i）区域三聚群结构

图 3.19　分布不等的三组实验数据及其对应的 Voronoi 图和聚群结构

表 3.2　实验数据及空间信息量计算结果　　　　单位：bit

点状专题地图区域		区域一	区域二	区域三
点数		127	616	2 839
聚群数		6	14	50
层次度量方法	几何分布信息量	26.7	66.8	136.0
	拓扑邻接信息量	21.7	103.3	334.4
	聚群结构信息量	13.5	37.4	127.6
基于信息熵方法	几何信息量	5.7	7.9	9.2
	拓扑信息量	6.8	9.2	11.4

分析三幅地图的几何分布信息量、拓扑邻接信息量、聚群结构信息量的计算结

果,可以发现:

(1)随着点要素的增多,要素分布越来越复杂,不论是从几何分布特征还是从拓扑邻接关系特征来看,要素分布的多样性都在逐步增加,因而包含的几何分布信息量、拓扑邻接信息量越来越丰富,从而形成的各种聚群结构可能性和多样性都在增加,聚群结构信息量也逐渐丰富。

(2)随着点要素的增加,几何分布信息量、拓扑邻接信息量随点要素数目增长的速度逐渐变小。这主要有两方面的原因:其一,随着点要素基数的增大,地图空间信息载负渐趋饱和,因而空间信息量的增长速度越来越缓慢;其二,地图空间信息量大小取决于分布多样性程度,不考虑点要素专题属性时,随着点要素基数的增大,要素分布的复杂性程度渐趋平稳,空间信息量的增长速度将不及点数目的增长速度。

(3)对于同一幅地图,聚群结构信息量最小;当点要素数目较少时,几何分布信息量较拓扑邻接信息量更大;而当点要素数目偏多时,拓扑邻接信息量将超过几何分布信息量。这主要是由于随着点要素的增加,其 Voronoi 图的拓扑邻接结构关系越来越复杂,拓扑邻接信息量增长速度越来越快。这同时反映了在空间数据管理中拓扑关系维护较几何关系维护更复杂。

(4)随着聚群结构信息量的增长,点要素增长速度越来越快。实验二中,聚群结构反映了新生儿低体重病例数据空间簇的分布模式。聚群结构信息量丰富意味着病例分布模式多样化,反映了该区域的环境因素更容易导致新生儿体重低,因而病例发生率偏高。由此,可以通过聚群结构的分布模式,结合地理生态环境等,进一步分析疾病诱发因素,采取有效措施进行控制。

对比本节提出的层次度量方法与基于信息熵的度量方法计算得到的地图空间信息结果,从人的空间认知来看,层次度量方法更具合理性。基于信息熵的度量方法得到区域一的几何信息量和拓扑信息量分别为 5.7 bit 和 6.8 bit,而区域三的信息量分别只有 9.2 bit 和 11.4 bit,尚且不到区域一的信息量的 2 倍,凭目视分析这是不合理的。而层次度量方法的计算结果具有更为合理的相对比例关系。

第4章 线状专题地图空间信息度量

4.1 引 言

现实世界中路网、轨迹、河流和等高线等都可以抽象表达为线要素,并通过不同颜色、粗细、线型等方式区别不同的地物属性。线要素的特征由构成线要素的节点和弯曲以及线要素的整体形态反映。不同的观察粒度下,构成线要素的几何结构单元不同。例如,较小的观察粒度下,线要素可视为由一组有序节点依次连接而成;较大的观察粒度下,线要素可视为由一组有序的弯曲构成。对于一幅线状地图,一个线要素可视为基本单元,其形态结构反映该线要素的整体特征,而线要素之间交叉连接并相互影响,形成的几何图形结构则反映一幅地图的特征。为此,一幅线状地图的空间信息量计算需要从线要素入手,分析一个线要素的几何形态结构。通常,一个线要素的几何形态结构可由一组有序弯曲进行描述。基于这种空间认知,可进一步通过分析弯曲的几何形态(如曲率)、相邻弯曲的几何形态变化、整体分布等特征描述一个线要素所载负的空间信息量,并构建相应的计算模型。

4.2 线要素空间信息度量

4.2.1 线要素的几何形态认知

对线要素的空间几何形态结构的认知方式将直接影响所采用的度量方法和所得的度量结果。线要素的空间几何形态主要是通过弯曲特征表现。不同几何形态、不同尺寸的弯曲通过排列组合表达出丰富的空间几何形态特征。因此,以弯曲为结构单元进行线要素划分是一种符合认知规律的方法(Wang et al,1998)。目前,许多学者基于线要素的弯曲特征提出了线要素的空间几何形态结构的划分方法(张青年 等,2001;艾廷华 等,2001;毋河海,2004;罗广祥 等,2006;钱海忠 等,2007;郭庆胜 等,2008)。通过对已有方法的分析,采用拐点识别线要素的弯曲结构,将线要素划分为一个弯曲序列。在此基础上,分别考虑弯曲序列中弯曲本身的复杂性以及弯曲之间的空间几何形态多样性或差异性,提出线要素空间信息度量方法。

4.2.2　线要素空间信息度量的策略

基于分解组合思想,先从线要素几何形态结构认知的角度,将线要素分解为一组有序弯曲,得到一个元素为弯曲的有序空间集合。然后,基于集合论,从三个层次来描述有序空间集合的信息含量,分别为元素层次、邻域(或局部)层次和整体层次。元素层次描述弯曲的几何形态复杂性情况,并给出相应的定量描述指标(即弯曲度和弯曲面积比);邻域层次描述相邻弯曲之间的几何拓扑差异情况;整体层次主要描述弯曲的几何分布多样性情况。针对每个层次,分别提出相应的信息度量方法。为了更加明确而有效地描述一个线要素蕴含的不同类型几何信息,分别称元素层次的信息为弯曲几何形状信息,称邻域层次的信息为弯曲几何拓扑信息,而称整体层次的信息为弯曲几何分布信息。最后,这些不同类型的信息构成了一个线要素的所有空间信息,如图 4.1 所示。

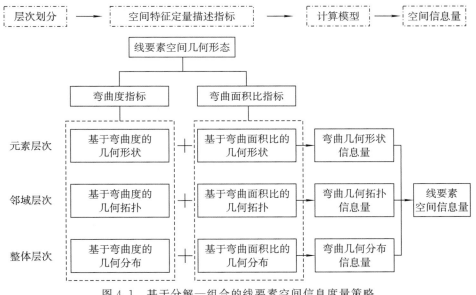

图 4.1　基于分解—组合的线要素空间信息度量策略

4.2.3　线要素的弯曲划分

在几何学中,拐点被定义为曲线的凹凸交界点,其曲率为零。而在制图学中,线要素通常由离散点连接构成,于是可将拐点定义为线的绕动方向发生变化的点,而绕动方向发生变化的直线段的中点完全可以代表精确的拐点(毋河海,2004;郭庆胜 等,2008),弯曲则被定义为相邻拐点之间的曲线段。对于拐点的识别,可利用叉乘原理来确定绕动方向发生变化的直线段,并以该直线段的中点来代表拐点。如图 4.2 所示,直线段 AB 的绕转方向在 B 点由逆时针方向变为顺时针方向,直线

段 CD 的绕转方向在 D 点由顺时针方向变为逆时针方向,故分别取它们的中点(即点 M 和点 N)为拐点,而以相邻拐点 M 和 N 为端点的线要素部分即为一个弯曲。在识别弯曲的过程中,设置弯曲程度度量指标阈值,用于过滤弯曲程度过小的弯曲(即不予识别),从而使得到的弯曲序列更加符合人的视觉感受。不妨设一个线要素划分的弯曲序列依次为 $c_1,c_2,\cdots,c_n$,则一个线要素可以表达为一组有序弯曲序列,即 $(c_1,c_2,\cdots,c_n)$。如图 4.2 所示,线要素可表达为有序弯曲序列 (c_1,c_2,c_3,c_4,c_5)。

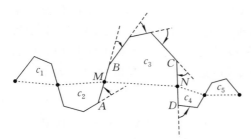

图 4.2　基于拐点的弯曲序列识别

4.2.4　弯曲的几何形状定量描述

　　常用的弯曲描述指标包括弯曲长度、弯曲底线宽度、弯曲深度、弯曲面积、弯曲度等,这些指标主要用来描述和区分不同弯曲之间的形状和大小差异。如图 4.3 所示,弯曲 c_{a1} 的弯曲程度明显不同于弯曲 c_{a2},而弯曲大小(指面积)相近;弯曲 c_{b1} 的弯曲程度与弯曲 c_{b2} 相近,但弯曲大小差异明显。为了有效区分不同几何形态的弯曲,保证弯曲几何形态描述指标的独立性,下面采用弯曲度和弯曲面积比两个定量度量指标进行描述,这是线要素几何信息度量的基础。

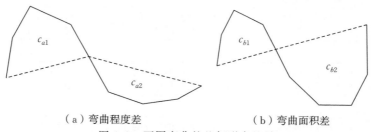

（a）弯曲程度差　　　　　　　　　　（b）弯曲面积差

图 4.3　不同弯曲的几何形态差异

　　对于一个弯曲 c_i,它的弯曲度主要用来度量弯曲的曲折程度,可以表达为弯曲的曲线长度 $CurLength_i$ 与弯曲底线宽度 $CurWidth_i$ 的比值,即

$$Curvature_i = \frac{CurLength_i}{CurWidth_i} \tag{4.1}$$

式中,$Curvature_i$ 为弯曲 c_i 的弯曲度,取值范围为 $(1,+\infty)$,$1 \leqslant i \leqslant n$,$n$ 为曲线的弯曲个数。根据式(4.1),可以发现图 4.3 中弯曲 c_{a1} 的弯曲度要大于弯曲 c_{a2},而弯曲 c_{b1} 的弯曲度与 c_{b2} 几乎相同。该指标不随图形的缩放而改变,这一方面表明,如果两个弯曲形状相同,那么它们的弯曲度也是相同的;而另一方面表明,该指标不能度量弯曲的大小差异。

　　因此,本节发展另一个描述和区分弯曲大小差异的度量指标,即弯曲面积比。它是指一个弯曲 c_i 的面积 $CurArea_i$ 与线要素上弯曲序列的平均弯曲面积 $\overline{CurArea}$ 的比值,表达为

$$CurAreaP_i = \frac{CurArea_i}{\overline{CurArea}} \tag{4.2}$$

式中, $CurAreaP_i$ 为弯曲 c_i 的相对面积比,取值范围为 $(0, +\infty)$, $1 \leqslant i \leqslant n$。进而,将线要素的几何形状度量表达为弯曲度序列 $(Curvature_1, Curvature_2, \cdots, Curvature_n)$ 和弯曲面积比序列 $(CurAreaP_1, CurAreaP_2, \cdots, CurAreaP_n)$。

4.2.5　基于弯曲的线要素空间信息度量

1. 线要素空间信息度量准则

　　为了使所提出的线要素几何信息度量方法具有合理性和完备性,在建立线要素几何信息度量方法时应遵循一些基本原则,这为后续度量指标的选取、几何信息度量函数的设计提供基本依据。将线要素的几何信息量记作 $I = I(x)$,结合地图空间信息度量准则,针对线要素空间信息度量,则 I 应满足如下性质:

　　(1)非负性。只要线要素存在,即有空间信息,任何一个线要素的空间信息量就应为大于等于零的实数,即 $I \geqslant 0$。

　　(2)局域可加性。在保证度量的空间信息类型互不相容的情况下,空间信息量具有可加性,即若 $\Omega_1 \bigcap \Omega_2 = \varnothing$ 且 $\Omega = \Omega_1 + \Omega_2$,则

$$I(\Omega) = I(\Omega_1) + I(\Omega_2) \tag{4.3}$$

　　(3)尺度单调性。鉴于小比例尺地图上的线要素是由大比例尺地图上的相应线要素简化和平滑的结果,故一个线要素的空间信息量随比例尺的缩小而减少。

　　(4)几何不变性。线要素的空间信息量与地图坐标系选择无关。

2. 元素层次——基于弯曲几何形状的空间信息度量

　　针对线要素不同类型的空间信息量,需要采用不同形式的信息量计算模型。其中弯曲本身的几何形状信息量主要取决于弯曲的程度和弯曲的大小,并且弯曲程度越大、弯曲尺寸越大,所载负的几何信息量就越大。同时,弯曲度与弯曲面积比指标分别描述了线要素不同类型的几何形态结构特征,进而线要素不同类型的几何信息量满足局域可加性。于是,对于一个弯曲 c_i,根据基于特征的信息量计算模型,它的几何形状空间信息量可以表达为

$$I_{\text{Geometry}}(c_i) = I_{\text{Geometry}}(Curvature_i) + I_{\text{Geometry}}(CurAreaP_i)$$
$$= \log Curvature_i + \log(CurAreaP_i + 1) \tag{4.4}$$

式中, $I_{\text{Geometry}}(c_i)$ 为弯曲 c_i 的几何形状信息量。进而,线要素由弯曲本身产生的弯曲几何形状空间信息量为

$$I_{Geometry}(L) = \sum_{i=1}^{n} I_{Geometry}(c_i)$$

$$= \sum_{i=1}^{n} (\log Curvature_i + \log(CurAreaP_i + 1)) \qquad (4.5)$$

式中，n 为线要素的弯曲数量；$I_{Geometry}(L)$ 为线目标 L 的弯曲几何形状空间信息量；对数以 2 为底，单位为 bit。

3. 邻域层次——基于相邻弯曲几何拓扑的空间信息度量

相邻弯曲之间的差异性将决定弯曲排列的无序性程度。差异性越大，弯曲排列的无序性程度则越大，线要素蕴含的几何拓扑信息量也就越大。下面主要从弯曲度和弯曲尺寸(指面积)两个方面来描述和度量相邻弯曲之间的差异性。基于人的空间认知，这种差异性描述通常是定性的。为此，下面将相邻两个弯曲之间的差异性描述区分为三类，即左大右小、左右大致相等和左小右大。如图 4.4 所示，从弯曲的尺寸差异来描述可发现：图 4.4(a)中弯曲的相邻关系都是左小右大，而图 4.4(b)中弯曲的相邻关系存在左小右大和左大右小两种模式，显然图 4.4(b)中弯曲序列的无序性程度比图 4.4(a)大，即图 4.4(b)的几何拓扑信息量应该比图 4.4(a)大。这在很大程度上表明，弯曲排列的无序性程度的测度应该纳入线要素的几何拓扑空间信息度量。

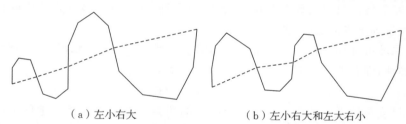

　　　　（a）左小右大　　　　　　　　（b）左小右大和左大右小

图 4.4　相邻弯曲间尺寸关系的差异性

下面以弯曲面积比为例具体说明判断方法：

(1)当满足 $CurAreaP_{k-1} - CurAreaP_k \geqslant \Delta p$ 时，将弯曲 c_{k-1} 与 c_k 的差异性描述为左大右小，用"-1"表示。

(2)当满足 $-\Delta p < CurAreaP_k - CurAreaP_{k-1} < \Delta p$ 时，将弯曲 c_{k-1} 与 c_k 的差异性描述为左右大致相等，用"0"表示。

(3)当满足 $CurAreaP_k - CurAreaP_{k-1} \geqslant \Delta p$ 时，将弯曲 c_{k-1} 与弯曲 c_k 的差异性描述为左小右大，用"1"表示。

这里，阈值 Δp 的设置主要顾及人眼识别弯曲几何形态差异性的局限性。设 $\Delta p = 0.1$，定义弯曲面积比差异性在 10% 以内即认为大致相等，进而将相邻弯曲的拓扑关系分为三类。

对于弯曲面积比指标值序列 $(CurAreaP_1, CurAreaP_2, \cdots, CurAreaP_n)$，则可以得到相应的相邻弯曲差异性描述序列，表达为 $(AreaDiff_1, AreaDiff_2, \cdots,$

$AreaDiff_{n-1}$），其中 $AreaDiff_i(1 \leqslant i \leqslant n-1)$ 取值为 -1、0 或 1。通过检测该序列中相邻元素的关系，表达弯曲序列的无序性程度，具体算法步骤如下：

（1）令 $i=1$，$k=1$，将 $AreaDiff_i$ 存入序列 $AreaT_k$ 中。

（2）令 $i=i+1$，检测 $AreaDiff_{i-1}$ 与 $AreaDiff_i$ 是否相等。若两者相等，则将 $AreaDiff_i$ 存入序列 $AreaT_k$ 中；若两者不相等，则令 $k=k+1$，再将 $AreaDiff_i$ 存入序列 $AreaT_k$ 中。

（3）若 $i < n-1$，则重复步骤（2）。

（4）令 $m=k$，算法结束。

至此，算法将弯曲相邻关系模式序列（$AreaDiff_1$，$AreaDiff_2$，$\cdots$，$AreaDiff_{n-1}$）划分为子序列的序列（$AreaT_1$，$AreaT_2$，$\cdots$，$AreaT_m$），对于每个子序列 $AreaT_i$，其中的元素均相等。令 $AreaT_i$ 中的元素数目为 t_i，由此得到序列 $(t_1,t_2,\cdots,t_m)$。于是，第 i 个子序列 $AreaT_i$ 的元素数目在元素总数中所占比例为

$$p_i = \frac{t_i}{n-1} \tag{4.6}$$

显然，$\sum\limits_{i=1}^m t_i = n-1$，$\sum\limits_{i=1}^m p_i = 1$。将式（4.6）代入信息熵模型式（2.3）得

$$I_{\text{GeoTopo}}(L_{\text{CurAreaP}}) = -\sum_{i=1}^m \frac{t_i}{n-1}\log\left(\frac{t_i}{n-1}\right) \tag{4.7}$$

式中，n 为弯曲面积比指标值序列的数目，t_i 为弯曲相邻关系模式子序列 $AreaT_i$ 的元素数目，m 为子序列的数目。

式（4.7）为基于相邻弯曲间弯曲尺寸（即弯曲面积比）差异的线要素几何拓扑空间信息表达，并令 $0 \cdot \log_2 0 = 0$。类似地，计算基于相邻弯曲间弯曲度差异的线要素几何拓扑空间信息量，记为 $I_{\text{GeoTopo}}(L_{\text{Curvature}})$。于是，一个线要素的弯曲几何拓扑空间信息量可表达为

$$I_{\text{GeoTopo}}(L) = I_{\text{GeoTopo}}(L_{\text{Curvature}}) + I_{\text{GeoTopo}}(L_{\text{CurAreaP}}) \tag{4.8}$$

4. 整体层次——基于弯曲几何分布的空间信息度量

弯曲几何形态的多样性产生线要素的空间信息量（为了区分，称为几何分布信息），而且线要素上弯曲的几何形态越多样，线要素的几何分布空间信息量越大。图 4.5(a) 中各弯曲的弯曲程度和弯曲尺寸（指面积）均相近，而图 4.5(b) 中弯曲的弯曲程度更加多样，图 4.5(c) 中弯曲的弯曲尺寸更加多样，因此，图 4.5(b) 和图 4.5(c) 的几何分布信息量应该比 4.5(a) 的大。

如上所述，基于信息熵测度多样性的功能，分两步对由弯曲的多样性造成的几何分布信息进行度量：① 按照弯曲几何度量指标值（即弯曲度和弯曲面积比）的差异，对所有弯曲进行分类；② 统计各种类型弯曲的频数，基于各种类型弯曲数量的比值计算信息熵。

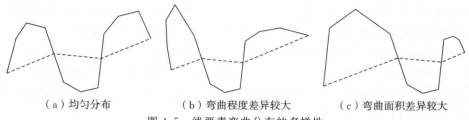

（a）均匀分布　　　　（b）弯曲程度差异较大　　　　（c）弯曲面积差异较大

图 4.5　线要素弯曲分布的多样性

下面以弯曲面积比为例来说明基于弯曲面积比的弯曲几何分布信息量的计算方法。仿邻域层次基于弯曲几何拓扑的空间信息度量,设分类区间长度为 $\Delta p = 0.1$,于是将值域 $(0,1]$ 依次划分为 $(0,\ \Delta p]$,$(\Delta p,\ 2\Delta p]$,$\cdots$,$(9\Delta p,1]$。进而,对线要素的弯曲面积比指标值序列 $(CurAreaP_1, CurAreaP_2, \cdots, CurAreaP_n)$ 中的每个元素进行分类,统计各个分类区间的频数,得到频数序列 $(n_1,\ n_2,\ \cdots,\ n_{10})$。于是,第 i 类弯曲的数量在弯曲总数中所占比例为

$$p_i = \frac{n_i}{n} \tag{4.9}$$

显然,$\sum\limits_{i=1}^{10} n_i = n$,$\sum\limits_{i=1}^{10} p_i = 1$。 根据式(2.3),可将基于弯曲面积比的弯曲几何分布空间信息量表达为

$$I_{\text{GeoDistribution}}(L_{\text{CurAreaP}}) = -\sum_{i=1}^{10} \frac{n_i}{n} \log\left(\frac{n_i}{n}\right) \tag{4.10}$$

令 $0 \cdot \log_2 0 = 0$,单位为 bit。类似地,可以计算基于弯曲度的弯曲几何分布空间信息量,记为 $I_{\text{GeoDistribution}}(L_{\text{Curvature}})$。 于是,对于一个线要素 L,它的弯曲几何分布空间信息量可表达为

$$I_{\text{GeoDistribution}}(L) = I_{\text{GeoDistribution}}(L_{\text{Curvature}}) + I_{\text{GeoDistribution}}(L_{\text{CurAreaP}}) \tag{4.11}$$

式中,$I_{\text{GeoDistribution}}(L)$ 为线要素 L 的弯曲几何分布空间信息量。

特别地,当线要素为直线时,根据所提出的计算方法可以得到 $I_{\text{Geometry}}(L) = 1$,$I_{\text{GeoTopo}}(L) = I_{\text{GeoDistribution}}(L) = 0$。 也就是说,一个最简单的线要素(即直线段)的弯曲几何分布空间信息量为单位信息量,也称一个信息单元,这符合人的认知。

4.2.6　实验与分析

下面设计两个实验,并在基于 Visual Studio 2008 的 C♯. NET 开发环境下使用 ArcEngine 9.3 进行二次开发,实现所提出的基于弯曲特征的线要素空间信息度量方法。其中,实验一设计了一组线要素来验证本节算法的可行性,并与曲折率指标(林承坤 等,1959)进行比较;实验二从某市的 1∶1 万城区道路数据中选取一个局部区域的 6 个线要素,并利用度量结果分析不同几何形态的线要素的空间

信息量,进一步验证所提出线要素空间信息度量方法的有效性。

　　1. 实验一

　　本实验通过比较和分析不同线要素各种类型空间信息量的差异性,验证本节所提出的线要素空间信息分类和信息度量的有效性。实验设计了一组线要素,分别对它们进行弯曲划分,如图 4.6 所示,实线为线要素,虚线为弯曲底线。利用式(4.5)、式(4.8)、式(4.11)计算各种类型的空间信息量,结果见表 4.1。

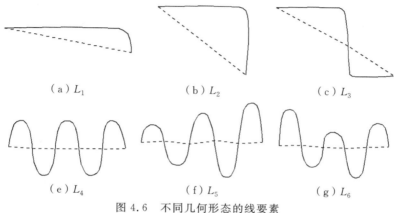

图 4.6　不同几何形态的线要素

表 4.1　不同几何形态的线要素空间信息量

线要素编号	弯曲几何形状空间信息量/bit	弯曲几何拓扑空间信息量/bit	弯曲几何分布空间信息量/bit	曲折率
L_1	2.1	0	0	1.1
L_2	2.3	0	0	1.4
L_3	4.0	0	2.0	1.3
L_4	14.5	0	0	2.8
L_5	13.5	0	4.6	2.9
L_6	13.3	3.0	4.6	2.8

　　下面分别从三种类型的空间信息量对上述实验结果进行分析。

　　1)弯曲几何形状空间信息量

　　弯曲几何形状空间信息量是指由弯曲尺寸、弯曲度、弯曲数量等几何形状特征差异产生的空间信息量。线要素 L_1 只有 1 个弯曲,其弯曲几何形状空间信息量为 2.1 bit。线要素 L_2 也只有 1 个弯曲,但是其弯曲度比线要素 L_1 大,其弯曲几何形状空间信息量为 2.3 bit。线要素 L_3 有 2 个弯曲,其弯曲几何形状空间信息量为 4.0 bit。与线要素 L_1、L_2 和 L_3 相比较,线要素 L_4、L_5 和 L_6 的弯曲尺寸、弯曲度、弯曲数量都更大,它们的弯曲几何形状空间信息量为 13~15 bit。总体上来看,得到的计算结果与人类视觉判断的结果较一致。由此可知,曲折率指标也能较好地区分它们之间的几何形态差异,线要素 L_1、L_2 和 L_3 的曲折率为 $1.1\sim1.4$,线要素 L_4、L_5 和 L_6 的曲折率为 $2.8\sim2.9$。但是线要素 L_3 的曲折率比线要素 L_2 的曲折率小,仅为 1.3,没有反映出两者几何形态复杂性的差异。

　　2)弯曲几何拓扑空间信息量

　　弯曲几何拓扑空间信息量是指由相邻弯曲几何形态之间差异性关系的多样性等因素产生的空间信息量。线要素 L_4 上相邻弯曲的弯曲度和弯曲尺寸的关系都大致相等,线要素 L_5 上相邻弯曲的弯曲度和弯曲尺寸的关系都为左小右大,并呈现一种逐渐变化的趋势。因此,从相邻弯曲几何形态之间的差异性关系来看,线要素 L_4 和 L_5 的弯曲几何拓扑空间信息量为 0 bit。线要素 L_6 上相邻弯曲的弯曲度和弯曲尺寸的关系则更具多样性,其弯曲几何拓扑空间信息量为 3.0 bit。从计算结果可以看出,该度量指标是合理的,并与人的视觉感受一致,而曲折率指标则完全不能区分这种几何差异性。

　　3)弯曲几何分布空间信息量

　　弯曲几何分布空间信息量是指整体上由弯曲几何形态多样性造成的空间信息量。例如,线要素 L_1 和 L_2 只有 1 个弯曲,不存在弯曲几何形态的多样性,故弯曲几何分布空间信息量为 0 bit。线要素 L_3 有 2 个弯曲,且弯曲间的弯曲度和弯曲尺寸均具有差异,故弯曲几何分布空间信息量为 2.0 bit。线要素 L_4 的所有弯曲的几何形态大致相同,故弯曲几何分布空间信息量为 0 bit。线要素 L_5 和 L_6 上弯曲的几何形态差异性最大,其弯曲几何分布空间信息量都为 4.6 bit。因此,所提出的弯曲几何分布空间信息量的计算结果与人类视觉判断的结果是一致的。

　　从实验可知,依据信息产生的本质特征来进行线要素空间信息分类,各个层次的空间信息相互独立。针对不同层次空间信息而构建的度量特征描述指标能够合理表达相应层次的空间信息量,得到的结果与人类视觉判断的结果较一致。

　　2. 实验二

　　图 4.7(a)为某市 $1:1$ 万城区道路数据中的一个局部区域,其中包含 6 个线要素。分别对它们进行弯曲划分,如图 4.7(b)所示,实线为线要素,虚线为弯曲底线。采用式(4.5)、式(4.8)、式(4.11)计算得到各个类型的空间信息量,结果见表 4.2。

　　由图 4.7 和表 4.2 可知,线要素 L_1 接近于直线,其弯曲几何形状空间信息量为 2.0 bit,弯曲几何拓扑空间信息量和弯曲几何分布空间信息量都为 0 bit,几何形态最简单。线要素 L_6 的弯曲数量最多,弯曲度、弯曲尺寸均较大,相邻弯曲间的差异性关系的多样性也较大,其弯曲几何形状空间信息量为 9.9 bit,弯曲几何拓扑空间信息量为 3.7 bit,弯曲几何分布空间信息量为 4.1 bit,都为所有线要素中最大值。线要素 $L_2\sim L_5$ 的各类型空间信息量介于线要素 L_1 和 L_6 之间,从图形的几何形态也可看出它们的几何形态复杂性介于两者之间,即本实验结果与人眼判断结果相一致。这表明本节所提出的信息度量方法对实际地图数据的信息表达是有效的。

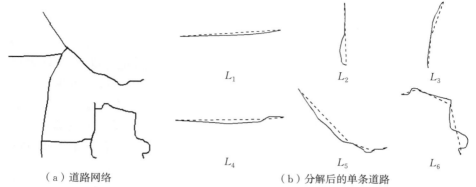

（a）道路网络　　　　　　　　　　　　（b）分解后的单条道路

图 4.7　某市 1∶1 万城区道路数据

表 4.2　道路数据中 6 个线要素的空间信息量　　　　　　　单位：bit

线要素编号	弯曲几何形状空间信息量	弯曲几何拓扑空间信息量	弯曲几何分布空间信息量
L_1	2.0	0	0
L_2	2.1	0	0
L_3	3.4	0	1
L_4	3.2	0	1
L_5	5.3	0.9	1.5
L_6	9.9	3.7	4.1

3. 结果分析与讨论

从上面两个实验的结果及分析可知，本节所提出的基于弯曲划分的线要素空间信息度量方法合理有效，计算得到的各个层次空间信息量能有效地反映一个线要素在不同情况下的空间形态复杂性。

（1）线要素的空间几何形态是其空间信息的载体，因此，线要素的空间信息度量需要建立在对其空间几何形态的认知和定量描述的基础上。考虑线要素制图的特征，以线要素的弯曲特征为基础，提出了改进的线要素弯曲划分方法，将线要素的几何形态分解为一个有序的弯曲序列，进而基于弯曲空间几何特征描述指标值，将线要素的空间几何形态定量地表达为弯曲特征的描述指标值序列，定量化的空间几何形态认知结果与人的视觉感知相符。

（2）基于地图信息来源的差异性本质，考虑弯曲序列中弯曲本身空间结构的复杂性和弯曲之间的空间几何形态差异，提出了线要素空间信息的定量度量方法，度量目标明确、度量方法科学、度量结果可靠。

（3）通过实验分析发现，基于弯曲划分的线要素空间信息量计算方法既可以有效地区分不同空间几何形状的线要素，又可以对不同细节程度的线要素进行有效区分，优于节点数目、曲折率等已有描述指标。

4.3　线状专题地图空间信息的认知

4.3.1　线状专题地图的空间特征分析

　　从空间认知的角度,人们阅读一幅地图,通常会按照由粗到精、从整体到局部再到个体的循序渐进的层次来进行。对于一幅等高线地图,观察者首先关注的是整幅地图的总体地貌分布,即等高线地图的整体层次,如山体或洼地的分布状况等;随后关注的是地形起伏陡缓程度及其变化,这由相邻的等高线对的邻近分布决定,对应等高线的邻域层次;最后观察者会关注细节信息,即单条等高线,如等高线走向的曲折变化,这个层次对应地图的等高线元素层次,如图 4.8 所示。

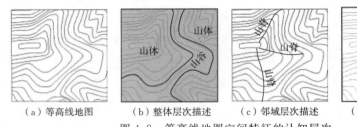

（a）等高线地图　　　（b）整体层次描述　　　（c）邻域层次描述　　　（d）元素层次描述

图 4.8　等高线地图空间特征的认知层次

4.3.2　线状专题地图的空间信息构成

　　从地图描述的角度,元素层次、邻域层次和整体层次分别从微观到宏观描述了等高线的图形要素。其中,在元素层次,单条等高线表征了地形的剖面形态,可以通过分析等高线的曲折变化进行描述;在邻域层次,相邻等高线的间隔距离变化表征了地形的起伏形态,可以通过分析相邻等高线的间距变化进行描述;在整体层次,等高线簇表征了不同地貌的分布,可以通过分析等高线簇的特征差异进行描述,如图 4.9 所示。地貌分布、地形起伏、剖面形态构成了地图上等高线信息的来源,并且从上述分析可知,这三个层次的空间信息内容是相对独立的。

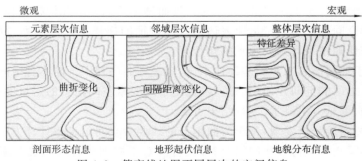

图 4.9　等高线地图不同层次的空间信息

4.4　线状专题地图空间信息层次度量

作为地图上一种典型的线要素,等高线是地貌的一种主要表达形式,对其载负信息的度量被越来越多的学者所关注。例如,王少一等(2007)提出了基于等高线级别空间认知的等高线信息量计算方法;刘文锴等(2008)沿用 Li 和 Huang 提出的 Voronoi 区域几何、拓扑信息熵计算方法,探讨了等高线空间信息度量。事实上,等高线是地形和地貌等信息的表达,因此,等高线空间信息度量需要与地图所表达的地形和地貌信息的特征相一致。本节采用层次方法,提出一种基于层次划分的等高线空间信息度量的新方法。首先,将复杂的等高线信息度量问题分解为三个层次,即单条等高线信息度量层次(元素层次)、基本地貌单元邻接等高线信息度量层次(邻域层次)、全局地图等高线信息度量层次(整体层次);其次,以地图空间信息产生的本质为出发点,针对三个层次定义不同的特征描述指标,求得所选取的特征描述指标值,在此基础上计算地图上的等高线空间信息量。这是等高线空间信息度量的层次研究策略,如图 4.10 所示。

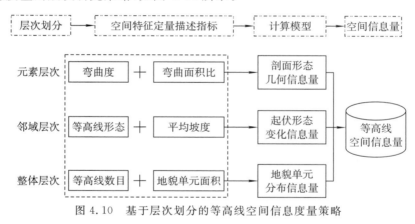

图 4.10　基于层次划分的等高线空间信息度量策略

4.4.1　线状专题地图几何形态信息度量

1. 等高线的弯曲划分与几何形态描述

在元素层次上,地图中单条等高线的空间信息量主要取决于等高线的几何形态。等高线的几何形态越复杂多变,所反映的地表形态变化越复杂,载负的信息量也越大。等高线越平直或规则,所反映的地表形态越规则,载负的信息量也越小。元素层次的等高线信息定量度量的关键问题是合理描述等高线要素的形状。分析等高线形态结构特征可以发现,其多样性或差异性主要表现为两个方面:一方面,等高线是否存在曲折;另一方面,这些曲折是否规则变化。为此,可以将单条等高线按照"弯曲"进行划分,形成一个有序弯曲的集合。如图 4.11 所示,等高线被分解表达为由 7 个弯曲组成的序列 $(c_1, c_2, \cdots, c_7)$。

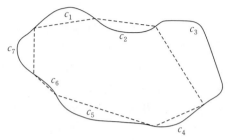

图 4.11　闭合等高线的弯曲划分

描述弯曲几何形态特征的指标主要有弯曲的曲线长度、弯曲底线宽度、弯曲进深度、弯曲环绕面积等简单指标,以及由这些简单指标组合得到的复合指标。与 4.2.4 节相同,这里选取弯曲度和弯曲面积比作为弯曲特征的描述指标。对于一条曲线 L 上的弯曲,其弯曲的曲线长度为 $CurLength_i$,弯曲底线宽度为 $CurWidth_i$,则弯曲度 $Curvature_i$ 表达为

$$Curvature_i = \frac{CurLength_i}{CurWidth_i} \tag{4.12}$$

记曲线与弯曲底线所围成区域的面积为弯曲面积 $CurArea_i$,所有弯曲的弯曲面积均值为 $\overline{CurArea}$,则弯曲面积比 $CurAreaP_i$ 表达为

$$CurAreaP_i = \frac{CurArea_i}{\overline{CurArea}} \tag{4.13}$$

分析可知,将弯曲度和弯曲面积比的组合作为弯曲特征度量的指标,能够有效地区分不同形状和大小的弯曲。

2. 基于弯曲几何形态的元素层次空间信息度量

设一幅等高线地图有 m 条等高线,对于其中任一条等高线 L_i,按照上述方法进行弯曲划分,得到一个由 n_i 个元素组成的弯曲序列。对该弯曲序列中的每一个弯曲 c_{ij},采用式(4.12)和式(4.13)计算弯曲度 $Curvature_{ij}$ 和弯曲面积比 $CurAreaP_{ij}$。结合式(2.34),考虑弯曲度和弯曲面积比的值域,建立单条等高线几何形态的地形复杂度信息量计算方法,表达为

$$I_{\text{Element}}(L_i) = \sum_{j=1}^{n_i} (\log Curvature_{ij} + \log(CurAreaP_{ij} + 1)) \tag{4.14}$$

从而,在元素层次上基于总体地形复杂度的等高线空间信息量为

$$I_{\text{Element}} = \sum_{i=1}^{m} I(L_i) = \sum_{i=1}^{m} \sum_{j=1}^{n_i} (\log Curvature_{ij} + \log(CurAreaP_{ij} + 1)) \tag{4.15}$$

式中，$Curvature_{ij}$ 对应等高线 L_i 经弯曲划分后的第 j 个弯曲的弯曲度，$CurAreaP_{ij}$ 对应等高线 L_i 经弯曲划分后的第 j 个弯曲的弯曲面积比，$I_{\text{Element}}(L_i)$ 对应等高线要素 L_i 包含的几何信息量，I_{Element} 对应元素层次所有等高线空间信息量。

如图 4.12 所示，三条等高线几何形态复杂度各不相同。采用式(4.14)分别计算得到单条等高线的元素层次信息量，即 $I_{\text{Element}}(L_a)$ 为 1.4 bit，$I_{\text{Element}}(L_b)$ 为 2.4 bit，$I_{\text{Element}}(L_c)$ 为 11.0 bit。可以看出，所表达的地形渐趋复杂，对应的元素层次空间信息量也越来越大，信息量相对值与人的直接认知结果一致。

（a）平直等高线　　　　（b）简单圆形等高线　　　（c）弯曲多变的等高线

图 4.12　三条不同几何形态复杂度的等高线

4.4.2　线状专题地图空间关系信息度量

1. 基本地貌单元的划分

在邻域层次上，地图上等高线信息由地貌单元的坡度变化传递。地貌单元坡度变化越复杂，其信息量就越大。地貌单元坡度变化的复杂性，一方面反映在平均坡度的变化上，另一方面反映在相邻等高线几何形态差异上。因此，对于邻域层次的等高线信息度量，先将整个地图区域划分为具有特定分布结构的独立地貌单元，然后对单个地貌单元提取平均坡度和相邻等高线几何形态信息变化，并将其作为特征描述指标。在此基础上，计算邻域地形起伏形态变化的信息量，即邻域层次等高线空间信息量。

基本地貌单元是等高线地图上独立地貌的基本单元，如图 4.13(a)所示，等高线区域(其中虚线为各等高线 Voronoi 区域多边形的边)包含四个基本地貌单元，分别用不同灰度值填充表示，如图 4.13(b)所示。

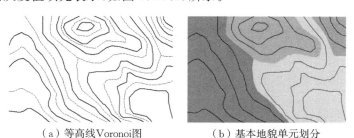

（a）等高线Voronoi图　　　　　（b）基本地貌单元划分

图 4.13　等高线地图划分为基本地貌单元

　　地图上等高线的基本地貌单元可以通过如下步骤划分得到：

　　(1)构造等高线的 Voronoi 图。相邻等高线的邻接程度用邻接度来量化表示，定义相邻等高线的 Voronoi 公共边与对应的较小 Voronoi 多边形边长的比值为邻接度。于是，邻接度的取值在 0 和 1 之间，并且不相邻的两条等高线邻接度为 0。

　　(2)建立基于邻接度的对偶图。对偶图中出现分叉或者同一分支上等高线的高程递变情况发生变化的地方，即为地貌单元边界出现的地方。

　　(3)判断对偶图中的分叉。通过将分叉点归入邻接度最大的分支或者直接划分高程递变的改变节点，即可将等高线地图划分为基本地貌单元。

2. 基于坡度变化的邻域层次空间信息度量

　　在邻域层次上，坡度是典型的地形因子。因此，地貌单元的坡度分布特征可以较好地描述邻域层次地形的多样性与差异性。选取相邻等高线围成区域的平均坡度、相邻等高线几何形态信息变化作为特征的描述指标，进行邻域层次等高线空间信息度量。这里采用相邻等高线和图幅边界共同围成区域的面积与区域中轴线的长度的比值来计算相邻等高线之间的平均坡度，而等高线几何形态信息直接由元素层次等高线空间信息度量得到。

　　对于一个由 m_i 条等高线组成的地貌单元 T_i，按照一定的方向对每个由相邻等高线围成的区域求取平均坡度 $Slope_{ij}$。由于后续信息定量度量计算中仅考虑坡度多样性或差异性，即仅与坡度的相对关系有关，而不涉及坡度绝对值，因而可将 $Slope_{ij}$ 简化表达为

$$Slope_{ij} = ContourArea_{ij}/ContourLength_{ij} \qquad (4.16)$$

式中，$ContourLength_{ij}$ 和 $ContourArea_{ij}$ 分别为第 j 条与第 $j+1$ 条等高线围成区域的中轴线长度和区域面积，$1 \leqslant j < m_i$，$1 \leqslant i \leqslant N$，$N$ 为地貌单元划分的总数。

　　对平均坡度指标序列中的每个元素 $Slope_{ij}$，按其初始自然顺序排列，依次比较相邻两元素的增长性，分别用 -1、0 和 1 表示平均坡度减小、不变和增大(此时可设置一个极小波动范围表示坡度不变)，得到坡度增长性序列，序列元素为 $SlopeDiff_{ij}(1 \leqslant j < m_i - 1)$，其中相等的相邻元素构成一个坡段。设该序列包含 $SlopeSec_i$ 个坡段，对该序列采用游程编码，仅顺序记录各个坡段的游程长度，得到游程长度序列，序列元素为 $SlopeT_{ik}(1 \leqslant k \leqslant SlopeSec_i)$，第 k 个元素值即代表第 k 个坡段包含的邻接等高线对的数目，即相同坡度值所延续的高差跨度。显然，$\sum SlopeT_{ik} = m_i - 1$。地貌单元 T_i 中坡度变化越频繁复杂，$SlopeSec_i$ 值越大；$SlopeT_{ik}$ 值的差异越大，地形信息量也越大。根据这一规律，记游程平均长度为 $SlopeT_i = (m_i - 1)/SlopeSec_i$，于是，对 $SlopeT_{ik}$ 进行规范化后代入式(2.34)，则可得地貌单元 T_i 的平均坡度差异性信息量，表达为

$$I_{Slope}(T_i) = \sum_{k=1}^{SlopeSec_i} \log(SlopeT_{ik}/SlopeT_i + 1) \qquad (4.17)$$

对于地貌单元 T_i 的等高线,可由式(4.14)计算得到组成 T_i 的各条等高线几何形态的信息量 $I_{\text{Element}}(L_{ij})$。 采用与平均坡度指标类似的计算过程,可得等高线几何形态复杂度增长序列,序列元素为 $ShapeDiff_{ij}(1 \leqslant j < m_i - 1)$,对应的游程长度序列的序列元素为 $ShapeT_{ik}(1 \leqslant k \leqslant ShapeSec_i)$,得到相邻等高线几何形态差异性信息量为

$$I_{\text{Shape}}(T_i) = \sum_{k=1}^{ShapeSec_i} \log(ShapeT_{ik}/ShapeT_i + 1) \qquad (4.18)$$

由此,综合平均坡度和相邻等高线几何形态差异性信息量,可得到邻域层次各个地貌单元的地形信息分量。对分解为 N 个地貌单元的等高线地图,其邻域层次上基于坡度变化的等高线空间信息量可表达为

$$I_{\text{Neighbour}} = \sum_{i=1}^{N} (I_{\text{Slope}}(T_i) + I_{\text{Shape}}(T_i)) \qquad (4.19)$$

以图 4.14 为例,采用式(4.19)分别计算得到邻域层次信息量 $I_{\text{Neighbour}}(T_a)$ 为 4.6 bit, $I_{\text{Neighbour}}(T_b)$ 为 7.9 bit。不难发现,地貌单元 T_b 所表达的山体地形坡度变化相对更复杂,计算得到的信息量也更大。

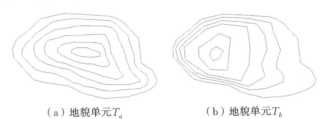

（a）地貌单元 T_a　　　　　　　（b）地貌单元 T_b

图 4.14　邻接等高线表达坡度变化

4.4.3　线状专题地图聚群结构信息度量

从全局的角度看,地图等高线是各个基本地貌单元的组合,因此,在整体层次上等高线信息通过地貌单元分布的多样性或差异性来传递。地貌类别越丰富,各个地貌单元差异性越大,地图载负的信息越丰富。因此,整体层次上等高线信息定量度量需要综合考虑地貌的整体分布及多样性。首先将等高线地图按基本地貌单元进行划分;其次选取地貌单元特征的描述指标并进行量化表达,在此基础上建立基于地貌单元多样性分布的信息度量方法。

通过划分地图上等高线基本地貌单元,结合等高线的高程值,整个地图区域被分解为不同形态且具有单一地貌类别的单元(即基本地貌单元)的组合。各个基本地貌单元内等高线数目反映地貌在纵向的跨度,而基本地貌单元覆盖面积反映地貌在横向的跨度,因此,可选取以二者为特征的描述指标来度量等高线的整体信息量。

等高线数目指标可以反映基本地貌单元的高差大小,各个基本地貌单元相互之间的高差差异较大,则整体层次上的信息量就很丰富。类似地,基本地貌单元覆盖面积指标可有效反映基本地貌单元覆盖区域大小的差异。覆盖区域越多样化,表明基本地貌单元覆盖面积差异越大,因而信息量越丰富。

假定等高线地图有 m 条等高线,被划分为 N 个基本地貌单元,其中第 i 个基本地貌单元 T_i 包含 $Unitm_i$ 条等高线,平均每个基本地貌单元包含的等高线数目为 $\overline{Unitm} = m/N$。对等高线数目进行规范化处理后,代入式(2.34),即可计算得到由地貌单元高差特征的多样性产生的信息量,表达为

$$I_{\text{Unit}}(Unitm) = \sum_{i=1}^{N} \log\left(\frac{Unitm_i}{\overline{Unitm}} + 1\right) \tag{4.20}$$

对于基本地貌单元覆盖面积特征的描述指标 $Units$,仿照等高线数目特征的描述指标,可得整体层次上地貌单元覆盖面积的差异信息量为

$$I_{\text{Unit}}(Units) = \sum_{i=1}^{N} \log\left(\frac{Units_i}{\overline{Units}} + 1\right) \tag{4.21}$$

进而,可得到等高线地图在整体层次上的信息量,表达为

$$I_{\text{Unit}} = I_{\text{Unit}}(Unitm) + I_{\text{Unit}}(Units) \tag{4.22}$$

分析发现,元素层次、邻域层次和整体层次的等高线信息量分别对应不同视角和不同类别。因此,在衡量地图上等高线的信息量时,无须将三部分信息量累加,而是将地图等高线信息表示为由元素、邻域和整体三个层次构成的向量形式,表达为

$$\boldsymbol{I} = \begin{bmatrix} I_{\text{Element}} & I_{\text{Neighbour}} & I_{\text{Unit}} \end{bmatrix} \tag{4.23}$$

4.4.4 实验与分析

本实验的数据来源于华东某市部分等高线地图。实验中分别截取了相同图幅区域但具有不同地形特征的三个区域 1∶1 万和 1∶5 万的等高线,如图 4.15 所示。实验使用 ArcEngine 9.3,在 Visual Studio 2008 的 C♯.NET 开发环境下,进行二次开发实现。实验分别从元素、邻域、整体三个层次,采用本节提出的信息度量方法,定量计算等高线各层次的信息量。同时,结合现有的基于信息熵的信息度量方法,计算了等高线几何信息量和拓扑信息量。三个区域在两个尺度下分层次、分类别的信息量计算结果见表 4.3。

分析本节提出的方法与已有方法的实验结果,不难看出,本节提出的方法具有较好的合理性,体现在:①从视觉上看,在元素层次上基于等高线几何形态的信息量明显比邻域层次邻接信息丰富,整体层次的信息是全局的粗糙轮廓信息,其信息含量相对是一个小数值,本节提出的方法的计算结果较好地符合这一视觉认知;②随着比例尺的减小,信息量也减少,这主要是由于细部的信息被平滑

掉,以上方法的计算结果均较好地符合这一变化规律;③随着地形起伏变化程度的增加,基于几何形态的信息量递增,而采用现有基于信息熵的方法计算1∶1万地图等高线信息量时,能保持正相关关系,但在计算1∶5万地图等高线信息量时,不能保持这种正相关关系,而本节提出的方法能保留不同比例尺之间地形复杂程度的相关性,即地形复杂程度不因比例尺缩放而改变,其信息量也保持相应一致的对比关系。

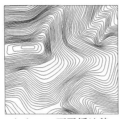  

（a）1∶1万平缓地貌　　（b）1∶1万略微起伏地貌　　（c）1∶1万起伏地貌

（d）1∶5万平缓地貌　　（e）1∶5万略微起伏地貌　　（f）1∶5万起伏地貌

图 4.15　不同地貌等高线

表 4.3　不同地区等高线地图空间信息量　　　　　　　单位:bit

比例尺	地形特征	基于信息熵方法		本节所提方法		
		几何信息量	拓扑信息量	元素层次信息量	邻域层次信息量	整体层次信息量
1∶1万	平缓地貌	2.5	23.7	140.2	37.8	2.5
	略微起伏地貌	3.0	33.6	187.7	52.1	3.2
	起伏地貌	3.5	53.7	365.6	85.7	3.9
1∶5万	平缓地貌	2.1	4.5	26.5	13.5	2.3
	略微起伏地貌	1.7	4.6	32.8	15.4	3.1
	起伏地貌	2.4	6.3	57.4	20.4	3.5

此外,在实验中还选取了多个具有不同地形特征地区的等高线地图,采用本节提出的方法进行了信息量计算,所得结果很好地符合了实际地形的空间认知。从实验结果分析,元素层次的信息量最丰富,邻域层次的信息量次之,整体层次的信息量最少。从认知角度分析,元素层次反映细部的纹理特征,整体层次反映宏观的地貌构成,而邻域层次反映中观的相邻和比较关系。因此,三个层次信息

量的大小关系是合理的。对于特定层次的信息量而言,可以发现:①等高线形态越曲折多变,地图的细部特征越丰富,地形越复杂,其元素层次的信息量越丰富;②相邻等高线形态差异越大,相邻等高线间的关系越复杂,地形越多变,邻域层次的信息量越丰富;③区域基本地貌单元越多,地貌形态越多样化,整体层次的信息量越丰富。

　　为了更进一步验证本节提出的三个层次信息量具有相对的独立性,实验中选取基本地貌单元内邻域层次信息量和元素层次信息量进行了对比。图 4.16 为对图 4.15(b)中区域进行划分得到的基本地貌单元。各个基本地貌单元内等高线邻域层次信息量和元素层次信息量的计算结果见表 4.3。

图 4.16　区域基本地貌单元

　　如上所述,元素层次信息量反映了组成基本地貌单元的各条等高线几何形态复杂性程度,而邻域层次信息量反映了相邻等高线的邻接程度和邻接关系的差异性程度。二者不是同一概念,同时又是相互独立的。从表 4.4 中的实验结果可以看出,各基本地貌单元的等高线元素层次信息量和邻域层次信息量是相互独立的,如 1 号和 6 号地貌单元以及 2 号和 4 号地貌单元,元素层次和邻域层次的信息量并不对称。这进一步说明三个层次分别对应地图等高线的不同方面,三者之间是不相关或弱相关的,同时反映了所提的这种层次划分方式对于等高线地图空间信息度量是比较合理的。

表 4.4　基本地貌单元层次信息分量

基本地貌单元编号	等高线/条	元素层次信息量/bit	邻域层次信息量/bit
1 号	11	19.4	7.5
2 号	5	5.4	2.6
3 号	23	29.7	8.9
4 号	4	6.4	2.0
5 号	20	50.2	10.7
6 号	15	20.9	5.7
7 号	21	55.7	14.4

第5章　面状专题地图空间信息度量

5.1　引　言

　　面要素用来表达占有一定范围、连续分布的空间现象。区域性的自然资源、民族的分布、城市的范围以及气候类型等在地图上都可以用面要素表示。在面状专题地图上,面要素几何形态结构以及面要素形成的空间分布模式是面状专题地图空间信息的重要组成部分。在制图综合过程中,面要素的几何尺寸(即面积)是衡量面要素几何信息的一个重要指标,是决定其取舍的一个主要依据,而面要素形成的空间分布模式也是综合过程中必须保持的一类重要信息。但是,制图综合过程又是一个信息损失的过程,一个好的综合模型或算法一方面能够使综合后的地图更具阅读性,另一方面又较好地保持了综合前地图的空间分布模式。因此,需要从信息论的角度发展一个科学合理的面状专题地图空间信息度量模型和计算方法,这也是衡量制图综合模型(或算法)的性能以及最终综合结果质量的关键问题。

　　不难发现,面要素的几何信息载负于其几何形态结构中,读图者通过视觉识别其凹凸形态结构来获取几何形态信息。为此,本章提出面要素层次化凸分解方法,并构建基于凸包树的面要素空间信息度量模型。而面要素空间分布模式所蕴含的空间信息则通过面要素的拓扑邻接信息及聚群(或组团)结构信息来描述。

5.2　面要素空间信息度量

5.2.1　面要素的几何形态认知

　　一个面要素由一组封闭的边线围成,它所载负的空间信息取决于其几何形态结构。因此,一个面要素的空间信息度量应建立在对其空间几何形态结构认知的基础上,即需要顾及人类视觉认知规律来分析和描述一个面要素几何形态结构。

　　计算机视觉、模式识别、图像理解、计算机图形学、视觉感知等领域的研究普遍认为,人眼在认知面要素的轮廓时具有三个特点:①下意识地将面要素分解为若干子部分进行认知(Palmer,1977;Marr et al,1978;Hoffman et al,1984,1997;Biederman,1987,1990;Siddiqi et al,1995;Latecki et al,1999;Liu et al,2010);②对面要素的凸形部分比凹形部分更为敏感(Siddiqi et al,1995;Latecki et al,

1999；Liu et al，2010）；③遵循从整体轮廓到局部细节的层次化认知方式（Sklansky et al，1972；Batchelor，1980a；Xu，1997；Latecki et al，1999）。

　　人眼在识别面要素几何形状的过程中，通常会将面要素剖分为若干子部分，并通过子部分的形状特点来认知面要素的几何形态。因此，遵循人眼认知规律，提出面要素的形状剖分规则，是建立合理的面要素剖分方法以及正确地认知面要素几何形态结构的重要基础。面要素的几何形状具有双侧性。如图 5.1 所示，从面要素外部往里看，该面要素几何形状类似于一个酒杯；从内部往外看，该面要素的几何形状却类似于一个人脸的侧面。因此，从不同角度观察面要素，人眼获取的几何形状信息是不同的。同理，对于面要素的同一个区域，若从外部往里看为凸形，从内部往外看则为凹形；反之，若从外部往里看为凹形，从内部往外看则为凸形。此外，人眼具有对面要素的凸形部分相对较为敏感的特点。因此，根据人眼认知规律，可将面要素剖分为两个子部分：①从面要素外部往里看为凸形的子部分；②从面要素内部往外看为凸形的子部分。采用层次化凸分解的方式将面要素分解为一组凸包与口袋多边形对的集合，即以凸包与口袋多边形对为节点的层次化树形结构，该结构被称为凸包树（Sklansky et al，1972；Batchelor，1980a，1980b；Xu，1997；丁险峰 等，2001；EL Badawy et al，2005；Bulbul et al，2009）。在凸包树中，各节点凸包与口袋多边形对及其组合的多样性及差异性特征形成了面要素的复杂的空间形态结构，从而产生了面要素的空间信息。

图 5.1　几何形状的双侧性

5.2.2　面要素空间信息度量的策略

　　由于面要素的空间信息量载负于其几何形态结构中，因而可以从面要素的几何形态结构出发，将面要素描述为一个凸包树。进而，根据地图空间信息产生的多样性或差异性本质，在不同层次上提取并定量描述多边形的形态结构及空间特征，并结合凸包树的节点以及凸包间的拓扑关系对空间组合结构特征进行定量表达。最后，利用定量描述特征建立基于认知的由空间形态结构多样性或差异性产生的面要素空间信息度量方法。面要素空间信息度量策略如图 5.2 所示。

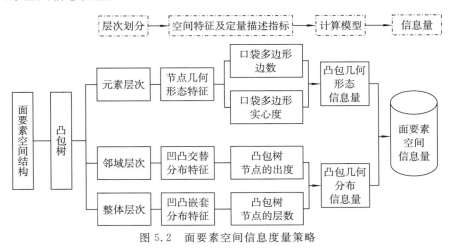

图 5.2　面要素空间信息度量策略

5.2.3　面要素的形状剖分

1. 面要素几何形状分析

在地理数据表达中,通常用最小外接矩形或凸包对多边形面要素进行近似表达。其中,最小外接矩形通常用于近似表达具有直角特征的人工建造设施(如建筑物),而不适用于自然要素(如湖泊)的近似表达;凸包的近似表达则具有较好的适应性,从认知的角度,其也是比较理想的近似表达模型。据此,选择凸包分解与组合进行面要素空间形态结构的表达符合面要素结构的认知。

最早的凸包树概念由 Sklansky 提出,用于度量面要素的凹凸程度(Sklansky et al,1972)。随后,模式识别领域的学者对面要素凸包树生成算法的优化进行了深入的研究,这些方法都是针对栅格图形的几何形态结构描述提出的。在地理信息科学领域,Ai 等(2005)、艾廷华等(2009)基于凸包树提出了空间数据的变化累积模型,并用于建立矢量地图渐进式传输模型;在此基础上,Bulbul 等(2009)考虑面要素带孔洞的情况,提出了带孔洞面要素的凸包树建立方法。基于凸包树的面要素几何形状是人眼对面要素结构认知的结果,而面要素的凸包分解能够实现对面要素的凸形和凹形统一的表达。图 5.3 为几何形状渐变的面要素,初始状态包含的孔洞从面要素的中心逐渐移向边缘,最后化为缺口。从 a 的内部往外看(即视觉 ①),区域 Ⅰ 为凸形,从 a 的外部往里看(即视觉 ②),区域 Ⅱ 为凸形,故将 a 剖分为 $a1$ 和 $a2$。同理,基于这种规律,b 可以进行同样的剖分。从 c 的内部往外看(即视觉 ①),区域 Ⅲ 为凸形,从 c 的外部往里看(即视觉 ②),区域 Ⅳ 为凸形,故将 c 剖分为 $c1$ 和 $c2$,d 可以进行同样的剖分。

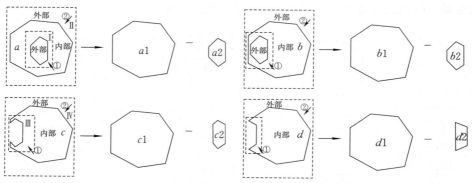

图 5.3　四个形状渐变的面要素及其可视化结果

2. 面要素的凸包分解描述

　　首先,构建面要素的最小凸包,获得面要素多边形与凸包对;其次,求取凸包与面要素的差,获得一个或多个简单多边形结构,这些简单多边形称为"口袋多边形";再次构建与每个口袋多边形一一对应的凸包,对得到的凸包求取其口袋多边形,再构建相应的凸包,直至再无新的口袋多边形产生。如图 5.4 所示,第一次分解生成面要素 A_1 的凸包 A_2,如图 5.4(a)中虚线所示;第二次分解时,首先求取 A_1 与 A_2 的差运算,获得口袋多边形 A_3,如图 5.4(b)中点阵区域所示,并构建其凸包为 A_4,如图 5.4(b)中虚线所示;第三次分解时,同样先求 A_3 与 A_4 的差运算得到口袋多边形 A_5,如图 5.4(c)中点阵区域所示,构建其凸包为 A_6,如图 5.4(c)中虚线所示。由此,整个分解过程产生一系列具有层次的口袋多边形与凸包对,其中原始面要素与对应凸包在这个层次结构中处于最顶层。

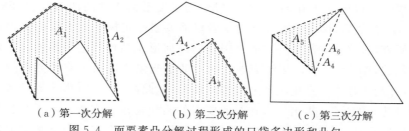

（a）第一次分解　　　　（b）第二次分解　　　　（c）第三次分解
图 5.4　面要素凸分解过程形成的口袋多边形和凸包

　　通常,在面要素的凸分解过程中,当新产生的口袋多边形面积太小或者形状非常接近凸包时,难以分辨或区分多边形及其凸包,继续往下分解意义不大,即可终止分解。因此,依据口袋多边形与对应凸包的近似程度（如多边形顶点与凸包边界最大距离）,设定凸分解的终止条件。

　　由于后续处理需要用到凸包的面积和口袋多边形的面积,为了避免重复计算,同时又能实现有效的剖分控制,可选取当前层凸包与凸包树根节点（也是最大凸包)的面积比值小于给定阈值或者实心度大于给定阈值作为终止分解的条件,并将当前凸包与根节点凸包面积比值的阈值设置为 0.15,实心度的阈值设置为 0.9,这样不仅可以避免对小锯齿状多边形的反复分解,同时也避免了对近似饱和凸多边形的继续分解。若某一步口袋多边形本身为凸多边形(或接近凸多边形)或者其缺口多边形面积很小,该凸包的实心度为 1 或非常接近 1,则此时对面要素整个形状的认知已趋完整,因而终止分解是合理的。如图 5.5 所示,面要素 A_1 的凸分解过程描述为:先生成 A_1 的凸包 H_1,并产生口袋多边形 A_{21}、A_{22}、A_{23};由 A_{21} 生成凸包 H_2,然后产生口袋多边形 A_{31}、A_{32},此时再生成的凸包不再产生新的口袋多边形。

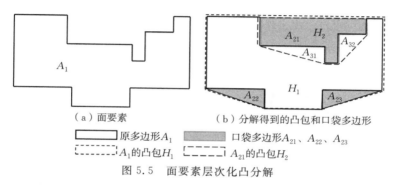

（a）面要素　　　　　　　（b）分解得到的凸包和口袋多边形

□ 原多边形 A_1　　　▨ 口袋多边形 A_{21}、A_{22}、A_{23}
┄ A_1 的凸包 H_1　　　┄ A_{21} 的凸包 H_2

图 5.5　面要素层次化凸分解

按照面要素分解的先后顺序和层次关系,引入一种改进的凸包树结构。具体地,在面要素的分解过程中,按照构建凸包的操作对象和构建的凸包,建立口袋多边形与凸包对,以每个成对组合作为凸包树的节点。具体地,节点结构包括一个口袋多边形和一个与之对应的凸包,以及若干指向下一层次节点的指针。其中,凸包树的根节点对应初始面要素与初始凸包(称为根凸包)。图 5.6 为面要素 A_1 的凸包分解过程,以及分解过程中的多边形与凸包对。对该凸包树采用二叉链表结构存储,其中节点结构包括:①口袋多边形(根节点的口袋多边形表示被分解的面要素);②凸包,为口袋多边形的凸包;③左孩子节点指针,指向第一个孩子节点,即下一层次第一个凸包对应的节点;④右孩子节点指针,指向下一个兄弟节点,即同一层次下一个凸包对应的节点;⑤标志值(1 个或多个),用于存储用户数据,如口袋多边形面积、凸包面积、实心度(定义为多边形面积与其凸包面积的比值)等。采用二叉链表结构存储后,即对应唯一的一棵二叉树。

从面要素的凸分解过程可以看出,面要素的几何区域与凸包树上从根节点凸包所在的第一层开始的所有奇数序列层次的凸包与所有偶数序列层次的凸包之差的几何区域相同。在空间几何形态结构上,顶端层次的分解是面要素全局的、大尺度的粗轮廓,而深层次的分解是面要素局部的、小尺度的细部形态。因此,面要素的空间形态结构的复杂性由凸包树上各层次节点的凸包及口袋多边形的复杂性共同决定,并与之成正相关关系。

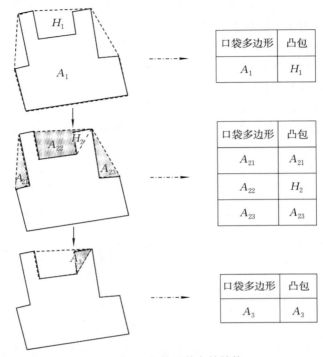

图 5.6　凸包数及其存储结构

5.2.4　基于凸包的面要素几何形状定量描述

多边形的空间形态特征有很多,在几何学中,边数、边长、周长、面积、长短轴、实心度、偏心率、紧密度等是应用非常广泛的形态特征。在视觉上较敏感的多边形空间特征包括尺寸、复杂度、形状特征等,因此面要素空间信息主要源自这些特征值的多样性或差异性。视觉感知的凸包尺寸特征是凸包的面积,面积越大,感知的凸包尺寸也越大。如图 5.4 所示,面要素 A_1 与对应的凸包 A_2 的周长差异比较大,凸包 A_2 与口袋多边形 A_3 的周长比较接近,然而,在视觉上凸包 A_3 的尺寸仍明显地比凸包 A_2 小,相对而言凸包 A_2 与面要素 A_1 的尺寸更接近,主要原因是它们的面积大小比较接近。因此,面积是视觉感知多边形尺寸最直观而典型的特征。

从复杂度的角度,凹多边形或带孔洞的多边形的复杂程度在视觉上要比凸多边形的复杂度大。事实上凹和凸是一组相对的概念,然而,由于人类视觉对凸形相对敏感,因而感觉相同边数的凸形要比凹形简单。对于具有相同凸包的多边形,无疑与凸多边形重合的多边形具有相对简单的形状,其任意的凹形的复杂度都要比凸包的大。由分析可知,具有相同凸包的一系列面要素中,其面积均不大于凸包的面积,而其边的数目均不小于凸包的边的数目。如图 5.4 所示, 比较面要素空间实体多边形 A_1 与凸包多边形 A_2,显然 A_1 要比它的凸包多边形 A_2 复杂得多,虽然 A_2 的面积比 A_1 要大得多,但其复杂性主要表现在 A_1 的边数, A_1 各条边的方向变化也导致了边数的增加。 因此,边数是多边形空间几何形状复杂度的典型特征。

　　从多边形的几何形状特征角度,人通常会下意识地将多边形与模板进行匹配,很多学者对模板匹配开展了一系列研究(杨春成 等,2009;刘鹏程 等,2010),这同时也反映了在空间认知中一种定向思维趋势是与某类模板进行相似比较。在模板匹配中,确定模板和建立相似性测度是两个基本的过程。地图中的空间面要素形状多样,因此寻找固定的模板进行相似性度量是不现实的,往往也不实用,通常采取的解决方案是直接选取多边形的凸包作为模板。对于相似性测度,既直观又简单的莫过于面积。也就是说,待匹配多边形与凸包的面积比值越接近 1,则认为相似性程度越大。在几何学中,多边形与其凸包的面积比值称为实心度。由上述分析可知,实心度是多边形模板匹配这一几何形状特征描述手段的直观而具有相对普适性的指标。

5.2.5　基于凸包树的面要素空间信息度量

1. 凸包树节点权值的确定

　　凸包树面要素的复杂度被分解到各个节点凸包而反映出来。凸包多边形的尺寸在很大程度上决定着其对面要素几何形态的表达能力。凸包的尺寸越大,凸包对面要素几何形态的表达能力越强。实质上,大尺寸的凸包表达面要素的大轮廓,而小尺寸的凸包表达面要素的微观轮廓。如图 5.7 所示,凸包 H_1 与 H_2 形状完全一样,由于 H_1 的面积较大,其对面要素 A 的空间特征的表达能力更强。于是,对于分解得到的凸包,不论其具有怎样的空间形态结构,都可以依据凸包面积设置它对面要素信息量的贡献权值。

　　设面要素 A 经凸分解获得 n 个凸包,依次为 $H_1, H_2, \cdots, H_n$,每个凸包的面积分别为 $HullArea_1, HullArea_2, \cdots, HullArea_n$。定义凸包面积与最大凸包面积的比值为凸包面积比 $HullAreaP_i$,表达为

$$HullAreaP_i = HullArea_i / HullArea_{\max}$$

(5.1)

式中, $HullArea_{\max}$ 为最大凸包(即面要素 A 对应的凸包)面积, $HullAreaP_i$ 的取值范围为不大于 1 的正数,即 $1 \geqslant HullAreaP_i > 0$。 根据凸包尺寸对面要素表达能力的正相关关系,设置凸包面积比为凸包几何形态及其分布特征对面要

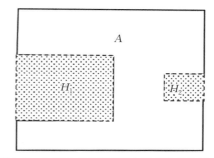

图 5.7　凸包尺寸对面要素空间信息量的影响

素空间信息量贡献的权值。

2. 基于凸包树的几何形态空间信息度量

面要素的几何形态空间信息由凸包树节点中的缺口多边形与凸包的几何形态特征差异性产生。如前文所述,几何特征差异主要体现在三个方面,分别为与面积相关的多边形尺寸、与边数相关的多边形复杂程度、与实心度相关的多边形几何形状特征。

面要素的复杂度主要通过多边形的边数反映,而面要素的复杂度被分解到凸包树的各个口袋多边形上反映。由上述分析可知,口袋多边形的复杂度很大程度上取决于它的边数,边数越多则复杂度越大,相同凸包的不同多边形中,与凸包自身相重合的多边形最为简单。图 5.8 中(a)与(b)具有同样形状的凸包多边形,(a)中口袋多边形边数比(b)的多。在视觉上(a)对应的多边形比(b)的复杂。

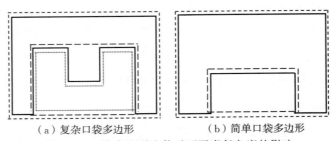

（a）复杂口袋多边形　　　　　（b）简单口袋多边形

图 5.8 　口袋多边形边数对面要素复杂度的影响

因此,对面要素进行凸分解后,建立元素层次几何复杂度的量化描述指标为口袋多边形与原始多边形的边数比,简称为凸包边数比,表达为

$$EdgeNumberP_i = EdgeNumber_i / EdgeNumber_1 \qquad (5.2)$$

式中,$EdgeNumber_i$ 为口袋多边形 A_i 的边数,$EdgeNumber_1$ 为原始多边形 A_1 的边数,$EdgeNumberP_i$ 为凸包树节点的凸包边数比。由于口袋多边形的边数小于或等于原始多边形的边数,因此有 $EdgeNumberP_i \leqslant 1$。口袋多边形边数越大,对应的凸包边数比越大,其形状越复杂,包含的信息量越大。于是,将凸包边数比代入式(2.34),可得由口袋多边形 A_i 的几何复杂度特征产生的空间信息量 $I_{EdgeNumberP_i}$,表达为

$$I_{EdgeNumberP_i} = \log(1 + EdgeNumberP_i) \qquad (5.3)$$

考虑凸包面积在几何表达能力上的影响,对由各个凸包树节点的几何复杂度特征产生的空间信息量求取加权和,即可得由元素层次几何复杂度差异性产生的空间信息量 $I_{EdgeNumber}$,表达为

$$I_{EdgeNumber} = \sum_{i=1}^{n} HullAreaP_i \cdot I_{EdgeNumberP_i} \qquad (5.4)$$

式中,$I_{EdgeNumberP_i}$ 为由 A_i 的凸包边数比产生的空间信息量;$I_{EdgeNumber}$ 为由口袋多

边形的几何复杂度差异性产生的面要素空间信息量,单位为 bit。

在凸包树节点的元素层次上,面要素几何形状特征反映口袋多边形与凸包对的匹配度,以二者的面积比值进行描述,该比值在几何学中称为口袋多边形的实心度(Convexity),其数学量 $Convexity_i$ 表达为

$$Convexity_i = Area_i / HullArea_i \tag{5.5}$$

式中,$Area_i$ 为凸包树中节点 i 上的口袋多边形的面积,$Convexity_i$ 为口袋多边形的实心度,$HullArea_i$ 为多边形 A_i 的凸包面积。

如图 5.9 所示,(a)与(b)的尺寸(面积)和边数均相同,同时具有类似的结构,然而(b)的实心度比(a)小,在视觉上(b)具有更复杂的模式。因此,实心度越大,多边形越趋于凸形,其模式越简单,由模式特征产生的空间信息量越小。结合实心度的定义,实心度的取值范围为(0,1]。而根据实心度与信息量的关系,此处取实心度的补数($1-Convexity_i$)作为空间模式复杂度特征的描述指标,将该指标代入式(2.34),并取加权和,即得到由面要素空间模式特征产生的空间信息量 $I_{\text{Convexity}}$,表达为

$$I_{\text{Convexity}} = \sum_{i=1}^{n} HullAreaP_i \cdot I_{Convexity_i} \tag{5.6}$$

式中,$I_{Convexity_i}$ 为由凸包 H_i 的实心度特征多样性产生的空间信息量,表达为

$$I_{Convexity_i} = \log(2 - Convexity_i) \tag{5.7}$$

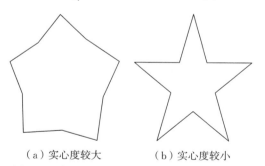

（a）实心度较大　　　　（b）实心度较小

图 5.9　多边形实心度与几何形状模式的关系

综合凸包几何复杂度差异性产生的空间信息量和空间模式特征产生的空间信息量,可得到基于凸包树节点元素层次几何形态特征产生的空间信息量 I_{Geometry},表达为

$$I_{\text{Geometry}} = I_{\text{EdgeNumber}} + I_{\text{Convexity}} \tag{5.8}$$

3. 基于凸包树节点几何分布的空间信息度量

面要素的空间分布结构由凸包树节点的几何分布特征表达。节点之间的关系主要包括邻域层次的邻接关系和整体层次的层级关系,邻接关系反映面要素全局的凹凸交替变化特征,而层级关系反映面要素局部凹凸的复杂性特征。如图 5.10

所示,(a)对应的口袋多边形数量较多,节点的邻域层次邻接度较大,表现为根节点的出度较大;(b)对应的口袋多边形较复杂,凸包树具有更大的深度。由此可知,凸包树节点邻域层次上节点出度越大,或者凸包树节点整体层次上节点层数越大,多边形的分布结构越复杂,因而包含的空间信息量越大。

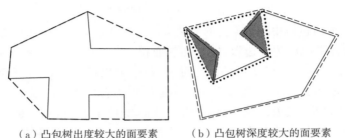

（a）凸包树出度较大的面要素　　　（b）凸包树深度较大的面要素

图 5.10　凸包树出度和深度与多边形复杂性的关系

设凸包树 n 个节点对应的层次（根节点的层次为 1）和出度（即子节点数目）分别为 $Level_i$ 和 $OutDegree_i(1 \leqslant i \leqslant n)$。基于地图空间信息来源的多样性或差异性本质,将节点的层次和出度分别除以相应的平均值,得到新特征的描述指标——节点层次比和节点出度比,用 $LevelP_i$ 和 $OutDegreeP_i$ 表示,即

$$LevelP_i = Level_i \big/ \overline{Level} \tag{5.9}$$

$$OutDegreeP_i = OutDegree_i \big/ \overline{OutDegree} \tag{5.10}$$

式中,$\overline{Level}$ 和 $\overline{OutDegree}$ 分别为凸包树节点的层次平均值和出度平均值。将节点层次比 $LevelP_i$ 和节点出度比 $OutDegreeP_i$ 分别代入式(2.34),再求取加权和,即可得到由基于凸包树节点邻域层次拓扑邻接特征产生的面要素几何拓扑空间信息量 I_{Topology},表达为

$$I_{\text{Topology}} = \sum_{i=1}^{n} HullAreaP_i \cdot \log(LevelP_i + 1) +$$

$$\sum_{i=1}^{n} HullAreaP_i \cdot \log(OutDegreeP_i + 1) \tag{5.11}$$

进而,将基于凸包树节点元素层次和邻域层次特征产生的信息量相加,即得到基于层次化凸分解的面要素空间信息量。

5.2.6　实验与分析

为验证所提出的面要素空间信息度量方法,实验选取华东某市 1∶2 000 比例尺的居民地数据,基于 Visual Studio 2008 的 C♯.NET 开发环境使用 ArcEngine 9.3 进行二次开发,实现基于层次化凸分解的面要素空间信息度量算法,并计算每个居民地要素的空间信息量。为了进行比较分析,有针对性地选取若干居民地要素并计算其空间信息量,进而检验面要素空间信息度量方法的合理性。

　　实验选取了 8 个具有相同或不同几何形态的居民地要素,如图 5.11 所示。其中,A_1 为凸四边形,A_2 与 A_3 是有旋转和缩放关系的相似图形。首先,对居民地要素进行层次化凸分解,得到各层次的口袋多边形和凸包对。其次,根据分解的层级关系构建凸包树,如图 5.12 所示。最后,采用式(5.8)和式(5.11)计算各居民地要素的空间信息量,计算结果见表 5.1。

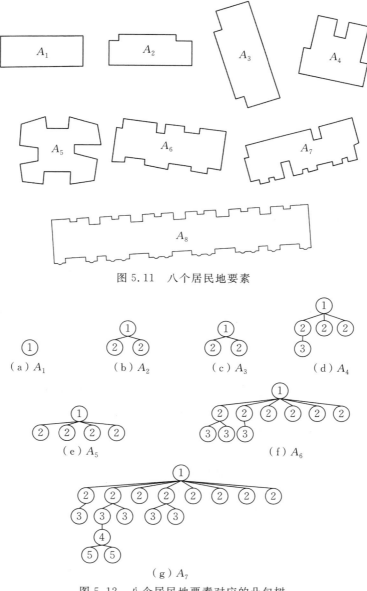

图 5.11　八个居民地要素

图 5.12　八个居民地要素对应的凸包树

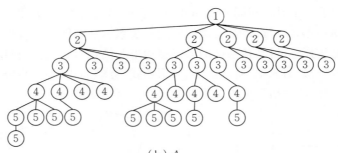

（h）A_8

图 5.12（续） 八个居民地要素对应的凸包树

表 5.1 面要素的空间信息量计算结果 单位：bit

面要素编号	空间信息量		
	几何形态信息量	几何拓扑信息量	综合空间信息量
A_1	1	1	2
A_2	1.05	2.71	3.76
A_3	1.05	2.71	3.76
A_4	1.30	3.18	4.48
A_5	1.39	3.49	4.88
A_6	1.28	3.90	5.18
A_7	1.40	4.42	5.82
A_8	1.61	5.14	6.75

分析表 5.1 中的实验结果可以发现：

（1）凸形面要素的形态和结构相对凹形面要素更简单，因此载负的空间信息量最小，其信息量的大小可作为面要素空间信息量的最小值。如图 5.11 所示，居民地面要素 A_1 是凸形，其几何形状相对其他要素更简单，几何形态信息量和几何拓扑信息量都为单位信息量。

（2）所提出的面要素空间信息度量方法满足旋转不变性和缩放不变性的准则。如图 5.11 所示，面要素 A_2 和 A_3 是相似形，相互之间有旋转和缩放的关系，但是具有相同大小的信息量，表明面要素的空间信息量仅与形状有关，满足旋转和缩放不变性。

（3）细部形态结构越丰富，几何形态信息量越大。计算结果较好地符合这一认知特点。例如，A_5、A_7 和 A_8 的细部形态结构要比其他几个居民地面要素丰富，其几何形态信息量也相应较大。又如，居民地面要素 A_5 和 A_6 相比，虽然 A_5 的局部凹凸较 A_6 少，但由于其局部形态更多样化，相互之间的差异性更明显，因此 A_5 的几何形态信息量比 A_6 大。

（4）面要素的整体形态结构越多样化，其几何拓扑空间信息量越大。计算结果较好地符合这种认知特点。如图 5.11 所示，居民地面要素从 A_1、A_2、A_3、A_4、A_5、A_6、A_7 到 A_8 的整体形态结构复杂程度依次递增，调查发现其载负的信息量也依次增加。计算结果表明,其几何拓扑信息量也依次增大,与调查结果一致。

(5)从面要素空间信息量的角度来看,面要素的整体结构起主导作用,细部的形态起次要作用,这也是由几何形态结构的粗轮廓在人眼对面要素空间结构认知的主体优势决定的。实验结果中,各个面要素在两个层次上的信息量计算结果很好地符合这一客观规律。

综上分析可以发现,本章提出的面要素空间信息度量方法具有较好的合理性。

5.3　面状专题地图空间信息的认知

5.3.1　面状专题地图的空间特征分析

本节探讨面状专题地图的空间信息度量,并以居民地专题地图为例进行研究。对一幅居民地专题地图,通过阅读该地图可以了解:图幅范围内有多少个居民地要素,这些要素具有什么几何形状和尺寸特征,其在空间的排列和分布的状况如何,是否存在某种分布模式(如聚集模式),等等。

如图 5.13 所示,通过阅读该专题地图,可以了解图幅范围内的居民地要素及其分布情况。其中,居民地要素几何形态有规则四边形,也有具有多种凹形结构的多边形形状,其尺寸有大有小,整体的分布是聚集型的,但各区域的分布又存在差异。位于图幅西北部(即图左上部分)的居民地主要呈四边形规则结构,具有块内要素间形状、尺寸相似和空间距离相近的聚集分布趋势;而位于中部和南部(即

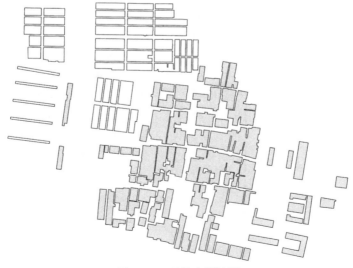

图 5.13　面状专题地图

图中部和下半部分)的居民地要素的几何形状、尺寸、空间排列更多样化,居民地要素的边数也有差异,从四条边到几十条边,尺寸也从小面积到大面积,甚至相差几十倍。虽然从整个图幅来看呈聚集分布,却有稠密(如中部和南部)和稀疏(如东南部)之分。总体来说,西北部的居民地要素分布呈现的聚群结构比较多,因而具有更多的聚群结构信息;中部和南部的面要素的几何形状不规则和分布不均匀现象明显,因而具有更多的几何形态信息和几何分布信息。综上分析,面状专题地图的空间信息内容可以描述为面要素的几何形态信息(简称"几何信息")、空间关系信息和聚群结构信息。下面分别讨论这些类型空间信息内容的构成及定量描述指标。

5.3.2　面状专题地图的空间信息构成

面状专题地图空间信息产生于面状要素及其空间分布特征的多样性或差异性。分析发现,这种多样性或差异性可以从三个层次来描述,即元素层次、邻域层次和整体层次,并且每个层次对应不同的空间信息特征。具体地说,元素层次描述面要素的几何形态特征,邻域层次描述邻近面要素间的空间关系特征,而整体层次描述面要素间的聚群结构特征。

在元素层次上,面要素的几何形态复杂多样,产生了不同的尺寸、形状规则程度等特征,面要素覆盖范围等的差异会对人眼产生不同的刺激感受。面要素的几何形态结构是面要素自身空间特征描述的基础。由5.2节可知,面要素的凸包树是符合人类视觉感知的认知结构。不同面要素带给人眼的刺激感受强弱还与面要素覆盖的面积大小密切相关,因而,在元素层次上,面状专题地图空间信息由面要素自身的几何形态结构产生,同时与面要素的面积成正相关关系。

在邻域层次上,面要素的空间分布形成的距离和拓扑关系是重要的空间特征。面状专题地图对应的沃罗诺伊(Voronoi)图是描述面状专题地图邻域关系的有力工具,它将地图空间划分为一个个对应于要素的独立区域。按照邻域要素之间的分布,Voronoi图不仅将空间区域进行了划分,同时确立了要素之间的拓扑邻接关系。因此,邻域层次上的空间特征自然地描述为相邻面要素之间的空间关系度量,不同的要素间距形成不同大小的空间划分,不同的方向关系产生不同的邻接程度。这两个方面恰恰对应于Voronoi区域面积的大小和Voronoi区域公共边长。Voronoi区域面积体现了对应面要素的辐射范围,Voronoi区域面积越大表明该面要素在邻域层次的空间关系信息量越大。此外,邻域面要素之间方向关系的复杂程度则体现了对应Voronoi区域的邻接度,该面要素的邻接面要素越多表明其信息量越丰富。

在整体层次上,聚群结构分布特征的多样性或差异性产生了丰富的空间信息,称为聚群结构信息。面状地物往往具有聚集分布或离散分布的特点,如湖泊群、岛屿群、沙丘群、建筑物群等。在地图上,地物群由于分布面积较大、地物分布相对密集,往往构成所在区域的重要宏观特征(张青年 等,2000)。图 5.14 截取了某居民地分布图中包含若干个聚群分布结构的一个局部区域,可以看出面要素群的结构特征表现为多个方面。在一个聚群内部,各个面要素具有较为稳定的面积和类似的几何形态,不同要素之间有类似的特定方位或距离关系,整体上具有一定的规模。但是,这些空间特征在不同的聚群结构之间可能存在差异。由此,面要素的几何形态和面积、要素间的方位或距离关系、聚群结构的规模构成了面要素聚群结构的基本特征,这些特征的多样性或差异性产生了面状专题地图的聚群结构信息。

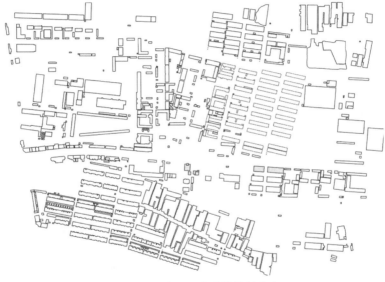

图 5.14　居民地聚群结构的分布

5.4　面状专题地图空间信息层次度量

为了客观地度量面状专题地图的空间信息量,首先需要对面状专题地图的空间分布进行完整的描述。在要素的空间几何分布特征上,一方面要描述面要素在整个空间的分布,而 Voronoi 图是描述这种分布的有力工具;另一方面要描述面要素覆盖的面域分布特征,包括面域的面积和形状等。在信息内容构成上,要综合描述面状专题地图的元素层次、邻域层次和整体层次的空间信息特征。鉴于此,本节以居民地这一典型面状专题地图为例,从面要素以及面要素分布的空间特征出发,基于层次理论,从元素层次、邻域层次和整体层次分别分析面状专题地图空间信息的构成,分别提取各个层次的空间特征并建立定量描述指标,进而发展基于特征的面状专题地图空间信息度量方法。具体的策略如图 5.15 所示。

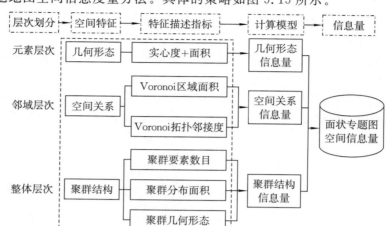

图 5.15　面状专题地图空间信息度量的策略

5.4.1　面状专题地图几何形态信息度量

　　在元素层次上,面状专题地图的空间信息量由面要素自身几何形态特征多样性与差异性产生,并与面要素的大小成正相关。按照面要素的空间信息量策略,针对专题地图上的每个面要素 A_i,对其进行凸分解建立凸包树,并根据凸包与口袋多边形的空间特征计算得到其要素的空间信息量 $I(A_i)$。

　　面要素的尺寸直接影响人类对面要素的视觉感知能力。面积越大的面要素,视觉上的感知越强;面积越小的面要素,视觉上的感知越弱。也就是说,面状专题地图中的要素空间信息量并非具有相同的表现力,依据面要素的面积对各个要素的空间信息量定权,选取要素面积与平均面积之比作为要素空间信息量的权值,即

$$w_i = Area_{A_i} / \overline{Area} \tag{5.12}$$

式中,$Area_{A_i}$ 为第 i 个面要素 A_i 的面积,$\overline{Area}$ 为专题地图面要素的面积平均值,w_i 为面要素 A_i 的空间信息量的权值。求取各要素空间信息量的加权和,即得到面状专题地图在元素层次上基于几何形态结构的空间信息量,表达为

$$I_{Element} = \sum_{i=1}^{m} I_{Element}(A_i) = \sum_{i=1}^{m} w_i \cdot I_{Geometry}(A_i) \tag{5.13}$$

式中,m 为专题地图上面要素的总数,$I_{Element}(A_i)$ 为专题地图上基于面要素 A_i 几何形态结构的空间信息量,$I_{Geometry}(A_i)$ 为面要素 A_i 基于凸包树节点几何形态特征产生的空间信息量,$I_{Element}$ 为面状专题地图元素层次上几何形态的空间信息量。

5.4.2　面状专题地图空间关系信息度量

　　在邻域层次上,使用 Voronoi 图对地图要素进行空间划分,该划分能很好地描

述面要素之间的距离和方位关系。Voronoi 区域面积的大小决定邻域层次的几何分布空间信息量,Voronoi 区域的邻接特征决定了邻域层次的拓扑分布空间信息量。根据几何分布空间信息量与要素对应 Voronoi 区域面积大小的关系,直接选取 Voronoi 区域面积作为邻近空间距离关系特征的描述指标,对其进行规范化处理,表达为

$$VAreaP_i = VArea_{A_i} / \overline{VArea} \qquad (5.14)$$

式中,$VArea_{A_i}$ 为面要素 A_i 对应 Voronoi 区域的面积指标,$\overline{VArea}$ 为专题地图上所有面要素对应 Voronoi 区域的面积平均值,$VAreaP_i$ 为标准化处理后的面要素 A_i 对应 Voronoi 区域的面积指标。将标准化的面积指标代入式(2.34),可得邻域层次几何分布的空间信息量,表达为

$$I_{\text{Distribution}} = \sum_{i=1}^{m} \log(VAreaP_i + 1) \qquad (5.15)$$

式中,m 为专题地图上面要素的总数,$I_{\text{Distribution}}$ 为面状专题地图邻域层次几何分布的空间信息量。

　　面状要素的拓扑空间信息体现在邻域面要素之间距离和方位关系形成的复杂拓扑关系,这种复杂拓扑关系直接表现为 Voronoi 区域之间拓扑邻接度的复杂多样性。如图 5.16 所示,与 A_0 邻接的面要素有 8 个,不同的方位关系和邻近性程度产生了不同的公共边和不同的公共边边长。定义两个面要素的邻接程度为 Voronoi 多边形公共边边长与最长边边长的比值,并改进要素的拓扑邻接度为要素与拓扑邻接多边形的邻接程度之和,表达为

$$Adjacency_i = \sum_{j=1}^{t_i} Adjacency_{ij} = \sum_{j=1}^{t_i} Edge_{ij} / Edge_i \qquad (5.16)$$

式中,$Adjacency_i$ 为面要素 A_i 的改进拓扑邻接度,$Adjacency_{ij}$ 为面要素 A_i 和 A_j 的邻接程度,$Edge_{ij}$ 为面要素 A_i 和 A_j 的 Voronoi 区域公共边边长,$Edge_i$ 为面要素 A_i 的 Voronoi 区域多边形最长边边长,t_i 为与 A_i 有 Voronoi 公共边的面要素个数。

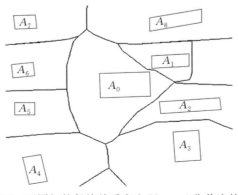

图 5.16　不同拓扑邻接关系产生 Voronoi 公共边的差异

　　分析可知,面要素改进拓扑邻接度越大,其拓扑邻接关系越复杂,产生的空间信息量越大。将改进拓扑邻接度进行标准化处理后代入式(2.34),即可得到邻域层次拓扑分布的空间信息量,表达为

$$I_{\text{Topology}} = \sum_{i=1}^{m} \log(Adjacency_i / \overline{Adjacency} + 1) \tag{5.17}$$

式中,m 为专题地图上面要素的总数,$\overline{Adjacency}$ 为专题地图上面要素改进拓扑邻接度的平均值,I_{Topology} 为面状专题地图邻域层次拓扑分布的空间信息量。

　　综合几何分布和拓扑分布的空间信息量,即得到面状专题地图邻域层次空间关系的空间信息量,表达为

$$I_{\text{Neighbour}} = I_{\text{Distribution}} + I_{\text{Topology}} \tag{5.18}$$

式中,$I_{\text{Neighbour}}$ 为面状专题地图邻域层次空间关系信息量。

5.4.3　面状专题地图聚群结构信息度量

　　在整体层次上,几何形状相似、面积大小相同、成规则排列的面要素形成聚群结构,不同的聚群可能具有不同的规模、不同的要素形状和面积大小、不同的分布密度等,从而产生了丰富的聚群结构空间信息。据此,首先对面状专题地图进行聚类,获得聚群结构;其次,分别基于聚群结构的规模、面积和聚群内面要素的几何形态三个典型特征构建特征描述指标;最后,建立基于三个特征的描述指标的聚群结构空间信息度量方法。

　　面要素聚群结构通常具有相似的形状、邻近的距离、统一的方向等共同的空间特征,因此面要素的聚类通常建立在形状、距离和方向的相似性度量上,如采用随机搜索算法的聚类方法(Ng et al,1994)、基于遗传算法的聚类方法、基于簇分解的聚类方法和顾及距离与形状相似性的聚类方法(杨春成 等,2004,2005,2009)。本书结合面要素形状描述,采用基于面要素凸包树的凸包面积比、凸包边数比和实心度的形态描述算子,建立形状相似性度量,改进杨春成等提出的顾及距离与形状相似性聚类方法,对面要素进行聚类,获得专题地图中的聚群结构。

　　结合视觉特点,人类在感知聚群结构的过程中,对聚群结构的规模、面积和聚群内面要素的几何形态较敏感,而其他空间特征(如整体朝向等)作为聚群模式的参考,却不是聚群结构的区分特征。聚群结构规模可由面要素聚群内要素的数目反映,因此直接选取聚群内要素数目 $Amount_k$ 作为特征的描述指标;聚群结构面积可直接取值于聚群要素的 Voronoi 区域总面积;聚群结构内面要素的几何形态包括多个方面,而元素层次各面要素的空间信息量恰好是其几何形态的综合指标,因此直接将这些空间信息量平均值作为几何形态特征的描述指标是恰当的。确定了各个聚群结构的空间特征的描述指标后,对各个指标进行规范化处理,代入式(2.34),可得到面状专题地图整体层次聚群结构的空间信息量,表达为

$$I_{\text{Structure}} = I_{\text{Amount}} + I_{\text{VArea}} + I_{\text{Shape}} \tag{5.19}$$

$$I_{\text{Amount}} = \sum_{i=1}^{k} \log(Amount(Cluster_i) / \overline{Amount} + 1) \tag{5.20}$$

$$I_{\text{VArea}} = \sum_{i=1}^{k} \log(SArea(Cluster_i) / \overline{SArea} + 1) \tag{5.21}$$

$$I_{\text{Shape}} = \sum_{i=1}^{k} \log(I_{\text{Shape}}(Cluster_i) / \overline{I_{\text{Shape}}} + 1) \tag{5.22}$$

式中，k 为专题地图中聚群结构的数目，$Amount(Cluster_i)$、$SArea(Cluster_i)$、$I_{\text{Shape}}(Cluster_i)$ 分别为第 i 个聚群结构 $Cluster_i$ 中面要素数目、Voronoi 区域总面积和元素层次上面要素形态结构空间信息量，$\overline{Amount}$、$\overline{SArea}$、$\overline{I_{\text{Shape}}}$ 为所有聚群结构三个指标的均值。

5.4.4　实验与分析

实验选取不同分布的居民地专题地图，分别采用所提方法和基于信息熵的方法计算专题地图的空间信息量。分别通过模拟实验和实例分析，验证所提方法的合理性，并通过对比分析验证了其优越性。

1. 实验一

实验一模拟了两组形态结构和空间分布不同的居民地专题地图，图 5.17(a) 中居民地要素具有相似的形状，并且大小基本一致；而图 5.17(b) 中的要素几何形态较为多样化，要素尺寸也存在较大差异。在空间分布上，图 5.17(b) 中的要素更加复杂。对两组数据进行聚类，结果显示两组数据的分布都不存在聚群结构，与视觉上的离散分布是一致的。

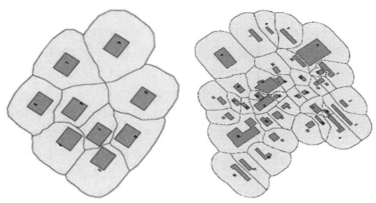

（a）形状简单、分布均匀　　　　（b）形状复杂、分布不均匀

图 5.17　实验一的居民地专题地图

分别采用本节提出的层次化空间信息度量方法计算元素层次的几何形态信息

量和邻域层次的空间关系信息量,并采用基于信息熵的方法计算其几何信息量和拓扑信息量,结果见表5.2。

表5.2　实验一数据空间信息量计算结果

图号		图 5.17(a)	图 5.17(b)
数据量/kB		2.08	7.09
居民地要素个数/个		9	39
本节提出的新方法	几何形态信息量/bit	18	111.0
	空间关系信息量/bit	17.6	73.3
基于信息熵的方法	几何信息量/bit	3.0	4.8
	拓扑信息量/bit	3.1	5.2

从表5.2的计算结果可以发现,采用本节提出的空间信息度量方法计算得到的信息量有以下特点:①面要素的几何形态结构较简单,元素层次空间信息量较小,而几何形态复杂且多样化的地图的元素层次空间信息量较大;②要素的空间分布不均匀程度越大,其邻域层次空间关系信息量越大;③不同面状专题地图的元素层次和邻域层次的空间信息量计算结果的相对大小关系比较符合人们对地图的认知。鉴于此,采用本节提出的方法度量面状专题地图空间信息量时,能取得较为合理的结果。基于信息熵的方法计算得到的拓扑信息量比几何信息量大,图5.17(b)的几何信息量和拓扑信息量与图5.17(a)相比,信息量差异偏小。因此,从实验结果可以发现,不论是从元素层次度量基于面状要素几何形态结构的空间信息量,还是从邻域层次度量基于居民地要素空间分布关系的空间信息量,新方法的度量结果都更符合空间认知,较已有方法更具有优越性。

2.实验二

实验二选择实验区的两幅居民地专题地图数据。采用本节提出的方法度量其空间信息量,其中居民地聚群采用顾及距离和形状相似性的聚类方法,并赋予形状特征和距离同等的权重。实验数据及其聚类结果如图5.18所示。

采用本节提出方法和基于信息熵的方法计算两幅居民地图的空间信息量,计算结果见表5.3。

分析表5.3中各部分空间信息量的计算结果,可以发现本节提出的空间信息度量方法具有较好的合理性,主要体现在:①在视觉上,元素层次上面要素几何形态包含的信息量比邻域层次空间关系信息量大,聚群结构信息是全局的整体粗轮廓信息,其信息量相对更小,从表5.3可看出,本节所提方法的计算结果很好地符合这一视觉认知;②随着居民地要素的增加,要素的几何形态和空间分布更加丰富,相应的元素层次和邻域层次的空间信息量也增大,计算结果较好地符合这一变化规律;③元素层次和邻域层次的空间信息量表示微观形态和分布,而整体层次的空间信息量表示宏观结构的差异性和多样性,因此,整体层次的空间信息量较元素层次和邻域层次的空间信息量增长的速度要慢,计算结果也反映了这一规律。

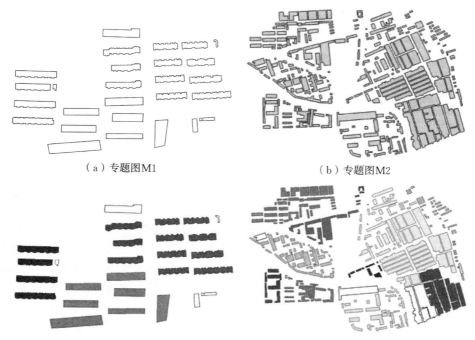

（a）专题图M1　　　　　　　　　　　　（b）专题图M2

（c）M1聚类结果　　　　　　　　　　　（d）M2聚类结果

图 5.18　实验二的数据及其聚类结果

表 5.3　实验二的数据空间信息量计算结果　　　　单位:bit

图号		M1	M2
本节提出的方法	元素层次几何形态信息量	109.7	1 049.4
	邻域层次空间关系信息量	52.5	519.4
	整体层次聚群结构信息量	23.3	74.2
	总空间信息量	185.5	1 643
基于信息熵的方法	几何信息量	4.6	7.6
	拓扑信息量	4.7	8

第6章 影像地图空间信息度量

6.1 引 言

影像地图是一种利用航空像片或卫星遥感影像,通过几何纠正、投影变换和比例尺归化,运用一定的地图符号、注记,直接反映制图对象地理特征及空间分布的地图。随着计算机技术、卫星定位系统、地理信息系统和遥感技术的互相渗透,特别是遥感技术的广泛应用,利用遥感影像制作地图已不再是困难的事情。由于遥感影像数据具有时效性、空间性、周期性等特点,影像地图已经广泛应用在国民经济和社会生产实践中。当前遥感形成了一个从地面到空中乃至空间,从信息数据收集、处理到判读分析和应用,对全球进行探测和监测的多层次、多视角、多领域的观测体系,影像地图已广泛应用于测绘、地质调查、农业、环境和灾害监测、军事、考古等领域。

随着传感器的光谱分辨率和空间分辨率的提高,在多传感器系统中,信息表现形式越来越多样化,信息容量以及信息处理速度不断提升,大大超出了人脑的信息综合能力,这为遥感应用朝着定量化方向发展提供了坚实的技术基础和应用条件。遥感影像逐渐成为空间数据获取和更新的主要数据源,但一幅遥感影像究竟含有多少信息量还没有形成统一的量度体系,如同人们用"千米、米、厘米"来量度距离的长短,用"千克、克"来量度重量的大小,用"小时、分、秒"来量度时间的长短一样,有必要研究发展一种量度方式来衡量影像的信息量,这是综合考虑遥感影像能否合理应用的重要因素,也是评价影像压缩效率与应用效果的重要参数。遥感影像信息量在遥感不确定性问题、影像质量评估、影像分类和影像数据价格估算等方面得到应用。

6.2 影像地图空间信息的认知

6.2.1 影像地图的空间特征分析

1. 遥感影像分类及信息内容

与矢量数据"属性隐含、定位明显"的特点不同,影像数据直接通过波段灰度值表达属性。影像信息是指影像可以提供给人们的关于影像隐含表达的地物、这些地物之间的关系以及地物与人类活动相关的要素,且这些要素是通过空间上颜色的变化呈现的(Marr et al,1982)。相较于自然图像,遥感影像有更广的波段范围、更高的空间分辨率和更加丰富的细节信息。按照平台,遥感可以分为航空遥感和航天遥感。航空遥感又称机载遥感,是指利用各种飞机、飞艇、气球等传感器运载工具在空中进行的遥感技术,其种类众多,如表 6.1 所示(傅肃性,2002)。航天遥感是利用装载在航天器上的遥感器收集地物目标辐射或反射的电磁波,以获取和判别大气、陆地或海洋环境信息的技术。航天遥感的种类很多,我国目前应用较广泛的航天遥感影像有国外的 Landsat 影像、SPOT 影像、QuickBird 影像,国内的风云系列卫星、资源系列卫星、海洋系列卫星等获取的影像。

表 6.1　航空遥感的分类

航摄分类	类型	产品
按倾角方式	垂直摄影	水平像片
	倾斜摄影	倾斜像片
按感光胶片方式	普通黑白摄影	黑白像片
	彩色摄影	彩色像片
	黑白红外摄影	黑白红外像片
	彩色红外摄影	彩色红外像片
	多光谱摄影	多光谱像片
按摄影方式	单片摄影	单张像片
	航线摄影	线状拼接影像
	区域摄影	面状拼接影像
按辐射源方式	被动式遥感	可见光影像等
	主动式遥感	侧视雷达影像等
按成像方式	摄影式遥感	全景式照片等
	非摄影式遥感	红外扫描等
按光谱方式	可见光遥感	一般有像片和 CCT 数据磁带
	多光谱遥感	一般有像片和 CCT 数据磁带
	红外遥感	一般有像片和 CCT 数据磁带
	微波遥感	一般有像片和 CCT 数据磁带
	紫外遥感	一般有像片和 CCT 数据磁带

对遥感影像进行影像处理、分析和解译等,是为了实现遥感信息的应用。为了定量研究遥感影像所载负的信息量,需要了解其包含信息的主要内容。广义来说,遥感影像所反映的信息内容主要有波谱信息、空间信息和时间信息。

1)波谱信息

影像上的波谱信息表现为已经量化的辐射值,即影像的亮度或灰度值(数字化后的像元值),是一种相对的量度。量化就是把采样过程中获得的像元平均辐射亮度值,按照一定的编码规则划分为若干等级,即把像元平均辐射亮度值按一定方式离散化。它对应的常见概念就是影像的比特或者灰阶，如 8 bit 的量化范围就是 0～255。像元值间接反映了地物的波谱特征，不同的地物有着不同的像元值（同谱异物情况除外），遥感影像解译中识别不同地物的一个重要标志就是影像的像元值差异。同时，像元值所表示的波谱信息是反映一幅影像信息量大小的重要标志，其信息量一般采用通信理论的香农熵来描述。

2）空间信息

空间信息是通过影像的像元值在空间上的变化反映，对应现实世界中地物的分布及变化。影像上有实际意义的点、线、面（区域）的空间位置、长度、面积、距离、纹理信息等都属于空间信息。影像空间信息计算涉及影像的投影系统，即影像需要地理参考，对影像进行投影转换后，才能进行量测。一般地，投影系统分为地理投影和平面投影。

3）时间信息

影像的时间信息指不同时相遥感影像的波谱信息与空间信息的差异。影像的时间信息对影像的解译、动态监测等影响很大，如不同季节下的树木所含的叶绿素是不一样的，因此，同一地物在两幅不同季节的影像上的像元值是不一样的，表现为亮度或颜色不一样。

显然，波谱信息是最基础也是最重要的信息来源，每一个像元的位置和值直接反映了特定状态下某一空间位置的属性。空间信息是通过地物在局部或全局区域的纹理、色彩等特性的空间变化得到的信息。时间信息考虑的是不同时间段的地物空间信息。为了合理地度量影像所载负的信息，需要了解影像的一些统计特征。统计特征主要包括以下内容：

（1）均值，即影像中所有像元值的平均值，反映了地物信息的平均反射强度。

（2）中值，即影像所有灰度级中处于中间的值，表示一个反差状况。

（3）灰度方差，反映各像元灰度值与影像的平均灰度值的总体离散程度，是衡量一幅影像信息量大小的重要指标。

（4）影像灰度数值值域，是影像的最大灰度值和最小灰度值之间的差值，反映了影像灰度值的变化程度，间接反映了影像的信息量。

（5）影像直方图，指影像中所有灰度值的概率分布，反映影像的信息量及分布特征。

（6）多波段间的相关系数，是描述波段影像之间的相关程度的统计量，反映了两个波段影像所包含信息的重叠程度。

2．遥感影像的信息论基础

遥感系统通过传感器获取目标地物的电磁波能量，将其转换成影像信号，然后人们通过解译影像提取信息，以达到应用的目的。从信息论的角度来看，遥感系统在原理上等同于通信系统。目标物是信源，使用者是信宿，大气层、传感器和影像解译处理系统组合起来相当于信道,如图 6.1 所示。因此,采用信息论的方法定量地研究遥感系统、遥感过程和遥感成果,已成为遥感领域的科学问题之一。如果把信息论视为通信系统的数学理论,那么也可以称遥感信息论为遥感系统的数学理论(邓冰,2009)。

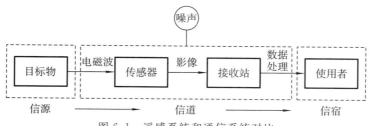

图 6.1　遥感系统和通信系统对比

　　遥感影像中的像元数值误差来源于三个方面:一是目标物,其物质特性决定了它所吸收、反射和辐射的电磁波光谱,不同波长的电磁波振幅不同,类似于无线电通信中的信号调制;二是大气层,大气有选择地吸收部分电磁波能量,使来自目标物的电磁波信号发生变化;三是传感器本身,不同性能的传感器具有不同的光谱捕获能力,部分关于目标物信息的信号能量被传感器吸收,并进行信号能量的转换,把电磁波能量转换成电能量,进而通过采样和量化(即模数变换)转换成影像记录。相应地,从信息论的角度来看,遥感系统中噪声的来源主要有三个方面:一是目标物所具有的不确定度,如果目标物仅是一张白纸或一个黑洞,那么即使用最好的传感器也获取不到什么信息;二是传感器获取信息的效率,好的传感器能获取很丰富的影像,差的传感器则可能丢失大量信息,从而只能获取很贫乏的影像;三是影像处理的手段,有的处理可能滤除噪声、突出主要信息量,有的处理可能丢失信息。

6.2.2　影像地图空间信息的影响因素分析

　　一幅遥感影像,从开始获取到数据转换、处理的过程都会产生误差。人们所得到的遥感产品包含了这些误差的累积,因而研究遥感影像所包含的信息量,必须考虑这些影响因素。林宗坚等(2006)指出,影响遥感影像信息度量的因素主要有灰度量化等级、噪声、相关性、几何畸变、视觉显著性等。

1. 灰度量化等级

　　将空间上连续的影像变换成离散点的操作称为采样,采样后的影像被分割成空间上离散的像元,但其灰度是连续的。再将像元灰度转换成离散的整数值的过程叫量化。一幅数字影像中不同灰度值的个数称为灰度量化等级,用 G 表示,也可用 bit 为单位表示。若一幅数字影像的灰度量化等级 G 为 256(即 2^8),则影像灰度取值范围一般是 0~255 的整数,也称量化等级为 8 bit。不同的量化等级,影像的层次和质量是不一样的。量化等级越多,所得影像的层次越丰富,灰度分辨率越高,质量也越好,但数据量越大;量化等级越少,所得影像的层次越不丰富,灰度分辨率越低,质量越差,会出现假轮廓现象,但数据量相对越小。

灰度量化等级是遥感影像产品的一个重要指标参数。在设计传感器时,都会确定一个量化值,并将其作为影像的灰度量化等级,如 Landsat-7 的量化等级值是 11 bit,SPOT-5 则采用 10 bit 量化等级值。灰度等级是影像地图信息度量的基础,若一幅影像的灰度等级服从等概率分布,则它的像元的平均信息量等于其灰度量化等级值。

2. 噪声

遥感影像的噪声从其产生机理来说,包括仪器噪声、传输噪声、外界干扰噪声,以及像元内的变化因素等引起的噪声。噪声信号与地物覆盖类型、波长、仪器本身特性及大气吸收等都有密切的关系。由于绝大多数影像噪声具有随机性,因此必须采用随机过程和概率统计的方法描述影像噪声。此外随机噪声可分为加性噪声和乘性噪声。在一般光电成像系统中的噪声既有加性噪声,也有乘性噪声,如电子噪声为加性噪声,而光子入射散粒噪声为泊松分布乘性噪声。随机噪声与信号平均强度有关,但它们都被认为是平稳随机白噪声。此外,合成孔径雷达的数据噪声主要是乘性噪声。

各种遥感仪器的性能评价对于有效而正确地使用遥感数据是非常必要的,信噪比就是衡量遥感仪器性能的一项重要指标,一般是指仪器信号与噪声信号强度的比值,有时也用等效噪声功率衡量。信噪比决定了研究人员可以在多大的精度上利用地物波谱特征,达到识别地物的目的。噪声引起的疑义度也是信息量计算中的一个重要因素。

3. 相关性

遥感影像的相关性表现在两个方面:空间相关性和波段(谱)间相关性。空间相关性是指一幅影像中像元间的相关性,波段间相关性是指每个波段影像的同一空间位置的像元之间的相关性。相关性是遥感影像固有的一种特性,它对于影像信息量的计算和影像压缩具有非常重要的意义。

4. 几何畸变

当遥感影像在几何位置上发生了变化,产生如行列不均匀、像元大小与地面大小对应不准确、地物形状不规则变化等畸变时,说明遥感影像发生了几何畸变。遥感影像产生几何畸变的原因主要有:①遥感器的内部畸变、遥感平台位置和运动状态变化;②地形起伏;③地球表面曲率;④大气折射;⑤地球自转。

遥感影像的总体变形相对于地面真实形态而言,是平移、缩放、旋转、偏扭、弯曲及其他变形综合作用的结果。产生畸变的影像将对后续的定量分析及位置配准造成困难,因此遥感数据接收后,需要先由接收部门根据遥感平台、地球、传感器的各种参数进行校正。

5. 视觉显著性

人类视觉系统天生具有处理复杂场景的能力,能准确地滤除冗余、次要的视觉信息,进而快速锁定重要目标(吴伟文,2012)。视觉关注机制是人类视觉系统的一个重要特性,它能快速而准确地搜寻、提取影像中的显著目标,并进行优先解读处理。因此,影像内容的视觉显著性检测对提升影像处理中的目标检测、模式识别、信息传输等性能具有重要指导意义。

随着信息论的发展,影像信息量由最初只顾及灰度的经典信息熵方法向人类视觉和顾及多因素方法的方向发展。

6.3　顾及邻域相关性的遥感影像信息度量

信息量一般是针对接收者而言的,是一个相对量,是指接收者从信源中获得的信息量,又称为互信息量。当通信中无干扰或噪声时,接收者获得的信息量在数量上就等于信源给出的信息熵,但两者的概念内涵不同。当信道受到干扰或噪声影响时,不但概念上不一样,而且数量上也不相等,在这种情况下信息熵也可理解为信源输出的信息量,二者之间的关系可以简单地描述为图 6.2。

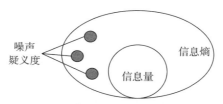

图 6.2　信息量与信息熵的关系

不确定性是客观存在的。现实世界中,存在着地物本身固有的不确定性和由环境变化引起的不确定性。人们通过遥感手段获得遥感影像信息,降低了认识客观世界的不确定度,而不确定度的减少量正是遥感影像提供给人的信息量。遥感数据的不确定性是伴随着遥感数据而生的。在传感器对客观世界获取数据时就包含客观世界的固有不确定性,即在原始数据中信息与噪声并存。遥感信息的不确定性可以用信息熵来度量,而目标地物本身的不确定性和由信道传输引起的噪声可以用疑义度来度量。因此,遥感影像的信息量可以用它们之间的熵差来度量,从而把不确定度信息熵和信息量两个概念在理论上统一起来。

6.3.1　遥感影像信息度量策略

单波段遥感影像可以用栅格数据结构来表示。为了方便计算,一幅 $m \times n$ 的数字遥感影像可以用二维数字矩阵来表示,即

$$G = \begin{bmatrix} g_{0,0} & g_{0,1} & \cdots & g_{0,n-1} \\ g_{1,0} & g_{1,1} & \cdots & g_{1,n-1} \\ \vdots & \vdots & & \vdots \\ g_{m-1,0} & g_{m-1,1} & \cdots & g_{m-1,n-1} \end{bmatrix} \quad (6.1)$$

式中，$g_{i,j}$ 表示每个像元的灰度值。若为 256 级的影像，$g_{i,j} \in \{0,1,\cdots,255\}$。影像的每个像元由其空间位置坐标和像元的灰度值确定，即 $G = f(x,y,i)$，其中 x 和 y 表示像元的空间位置，i 表示像元的灰度值。

假设一幅遥感影像有 q 个波段，每幅影像有 $m \times n$ 个像元，并且像元灰度按 b bit 量化，则每幅遥感影像的数据量为

$$Q = q \times b \times m \times n \quad (6.2)$$

根据香农提出的信息熵概念，一幅单波段的遥感影像单个像元的平均信息量可表示为

$$H = -\sum_{i=1}^{k} p(i) \log p(i) \quad (6.3)$$

式中，H 为影像信息熵，取以 2 为底的对数，单位为 bit；k 为量化的灰度级数，一般 $k = 2^b$，b 为正整数；$p(i)$ 为第 i 级灰度值出现的概率，可近似地由灰度频率 f_i 计算得到，表达为

$$p(i) = f_i \Big/ \sum_{i=1}^{k} f_i \quad (6.4)$$

根据最大熵性质，若 k 个灰度级服从等概率密度分布，则 $H_1 = -\sum_{i=1}^{k} p(i) \log p(i) = b$，此时熵为最大值。若影像只有一种灰度 i 出现，即 $p(i) = 1$，则 $H_2 = -p(i) \log p(i) = 0$。一般地，影像具有不均匀的概率密度，因此，其熵值介于 H_1 和 H_2 之间。

以上是从离散无记忆信源的角度计算影像的信息量，这实质上是假设各像元之间相互独立。实际上，影像像元之间总存在着一定的相关性，采用影像信息熵表示信息量，其值将会大于影像实际的信息量。遥感影像数据量、信息熵以及信息量之间的关系如图 6.3 所示（邓冰，2009）。于是，影像信息熵包含噪声疑义度、像元间相关性引起的冗余度、位移疑义度等，若要计算影像所包含的实际信息量 H_s，必须从信息熵中去除这些冗余度和疑义度，具体表达为

$$H_s = H_e - H_n - H_r - H_b \quad (6.5)$$

式中，H_e 为不考虑其他因素计算出的影像信息熵，H_n 为噪声影响造成的噪声疑义度，H_r 为像元间相关性引起的信息冗余度，H_b 为影像多波段间相关性引起的波段疑义度。

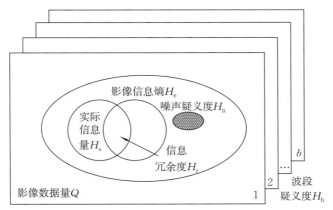

图 6.3　遥感影像信息量、信息熵与数据量的关系

6.3.2　影像噪声对遥感信息量的影响

在信息论中,噪声被视为不具有任何信息承载的信号变化。在遥感影像中,噪声主要表现为周期性条纹、亮线以及斑点等,噪声产生的原因可能存在于影像获取的各个环节,如传感器的周期性偏移、载荷元器件间的电磁干扰等。噪声的存在降低了影像的质量,有时甚至会完全掩盖遥感影像中真正的辐射信息。因此,在影像处理过程中需要抑制和消除影像的噪声,提高信噪比。对于遥感影像的信息度量,噪声是一个重要的影响因素,需要排除它所产生的冗余信息量。

林宗坚等(2006)、邓冰(2009)通过实验统计认为,遥感影像的灰度信号和噪声一般服从正态分布,不妨设影像噪声均值为 μ,方差为 σ_n^2,则噪声的概率密度函数为

$$f_n(x) = \frac{1}{\sqrt{2\pi}\,\sigma_n} \mathrm{e}^{-\frac{(x-\mu)^2}{2\sigma_n^2}} \tag{6.6}$$

将此概率函数代入信息度量模型

$$H = -\sum_{i=1}^{k} p(i)\log p(i) \tag{6.7}$$

则可以得到遥感影像噪声冗余信息量,即

$$H_n = -\int_{-\infty}^{\infty} \frac{1}{\sqrt{2\pi}\,\sigma_n} \mathrm{e}^{-\frac{(x-\mu)^2}{2\sigma_n^2}} \log\left(\frac{1}{\sqrt{2\pi}\,\sigma_n} \mathrm{e}^{-\frac{(x-\mu)^2}{2\sigma_n^2}}\right) \mathrm{d}x = \frac{1}{2}\log(2\pi\mathrm{e}\sigma_n^2) \tag{6.8}$$

分析发现,噪声冗余信息量与噪声的方差有关,方差越大,噪声冗余信息量也越大。若遥感影像灰度服从正态分布,并假设其灰度方差为 σ_n^2,根据式(6.8),则不排除噪声疑义度的遥感影像信息熵为

$$H_e = H_{s+n} = \frac{1}{2}\log(2\pi e\sigma_{s+n}^2) \tag{6.9}$$

因此,考虑存在噪声情况下的遥感影像信息量表达为

$$H'_n = H_e - H_n \tag{6.10}$$

6.3.3   像元间的相关性及互信息量

影像像元间的相关性也称为影像自相关性,是指影像中某一像元与相邻像元之间的相似性。自相关性反映了一幅影像内相邻像元间的信息冗余,将对信息量的计算有直接影响。设一幅影像的灰度值为 $G(i,j)(i=0,1,\cdots,M-1;j=0,1,\cdots,N-1)$,则这幅影像的自相关函数定义为

$$R(\Delta x, \Delta y) = \frac{\sum_{i=1}^{M}\sum_{j=1}^{N}(G(i,j)-\overline{G})(G(i+\Delta x,j+\Delta y)-\overline{G})}{\sum_{i=1}^{M}\sum_{j=1}^{N}(G(i,j)-\overline{G})^2} \tag{6.11}$$

式中,Δx 和 Δy 分别为 x 方向和 y 方向的间隔距离像元位移;M 和 N 分别为影像的宽和高;$\overline{G}$ 为影像的平均灰度值,表达为

$$\overline{G} = \frac{1}{MN}\sum_{i=1}^{M}\sum_{j=1}^{N}G(i,j) \tag{6.12}$$

大量的实践表明,遥感影像灰度值具有马尔可夫过程的统计特征(林宗坚 等,2006),因而其协方差矩阵可描述为

$$\boldsymbol{C} = \sigma^2 \begin{bmatrix} 1 & \rho & \rho^2 & \cdots & \rho^{n-1} \\ \rho & 1 & \rho & \cdots & \rho^{n-2} \\ \rho^2 & \rho & 1 & \cdots & \rho^{n-3} \\ \vdots & \vdots & \vdots & & \vdots \\ \rho^{n-1} & \rho^{n-2} & \rho^{n-3} & \cdots & 1 \end{bmatrix} \tag{6.13}$$

ρ^2	ρ^2	ρ^2	ρ^2	ρ^2
ρ^2	ρ	ρ	ρ	ρ^2
ρ^2	ρ	1	ρ	ρ^2
ρ^2	ρ	ρ	ρ	ρ^2
ρ^2	ρ^2	ρ^2	ρ^2	ρ^2

图 6.4   遥感影像像元之间的相关性

式中,σ^2 为信号方差,ρ 为相邻像元之间的自相关系数。

图 6.4 为按照马尔可夫特性理解的遥感影像像元之间的相关性,其中标识"1"的像元为中心像元,按八连通原则,ρ 表示 τ 为 1 的邻像元与中心像元的相关系数,ρ^2 表示 τ 为 2 的邻像元与中心像元的相关系数。

对于相邻的两个像元 τ 和 $\tau+1$,其协方差矩阵 $\boldsymbol{\Sigma} = \sigma^2 \begin{bmatrix} 1 & \rho \\ \rho & 1 \end{bmatrix}$。像元灰度值服从正态

分布,设其均值为 m,方差为 σ^2,则 τ 和 $\tau+1$ 的密度函数为

$$p_\tau(x) = \frac{1}{\sqrt{2\pi}\sigma} e^{-\frac{(x-m)^2}{2\sigma^2}} \tag{6.14}$$

$$p_{\tau+1}(y) = \frac{1}{\sqrt{2\pi}\sigma} e^{-\frac{(y-m)^2}{2\sigma^2}} \tag{6.15}$$

则其联合密度函数为

$$p_{\tau,\tau+1}(x,y) = \frac{1}{2\pi|\boldsymbol{\Sigma}|^{\frac{1}{2}}} e^{-\frac{1}{2}[x-m\ y-m]\boldsymbol{\Sigma}^{-1}[x-m\ y-m]^{\mathrm{T}}}$$

$$= \frac{1}{2\pi\sigma^2\sqrt{1-\rho^2}} e^{-\frac{(x-m)^2-2\rho(x-m)(y-m)+(y-m)^2}{2\sigma^2(1-\rho^2)}} \tag{6.16}$$

式中,ρ 为相关系数,$\boldsymbol{\Sigma}$ 表示相邻像元的协方差矩阵。

因此相邻像元 τ 和 $\tau+1$ 之间的互信息量 $I(\tau;\tau+1)$ 为

$$I(\tau;\tau+1) = \iint p(x,y)\log\frac{p(x,y)}{p(x)p(y)}\mathrm{d}x\,\mathrm{d}y$$

$$= \log\left(-\frac{1}{\sqrt{1-\rho^2}}\right) = -\frac{1}{2}\log(1-\rho^2) \tag{6.17}$$

式(6.17)为像元间相关性的度量公式。可以认为,相邻像元的相关性使每个像元的信息量较单个像元平均减少了 $-\frac{1}{2}\log(1-\rho^2)$。因此,顾及像元相关性的信息量为

$$H'_{\mathrm{p}} = H_{\mathrm{e}} + \frac{1}{2}\log(1-\rho^2) \tag{6.18}$$

6.3.4　波段间相关性

波段间相关性是指多光谱影像中每个波段光谱影像的同一空间位置像元具有相似性。遥感影像中各个波段影像的像元灰度值是相同区域地物在对应波段的反射值,具有相关性,并且多个波段之间也存在相关性,这势必会带来信息量的冗余。为了降低这种信息的冗余,邓冰(2009)通过分析影像的互相关性,定义了波段间的互相关函数

$$\rho(l,k) = \frac{\displaystyle\sum_{i=1}^{M}\sum_{j=1}^{N}(f_l(i,j)-\overline{f}_l)(f_k(i,j)-\overline{f}_k)}{\sqrt{\left(\displaystyle\sum_{i=1}^{M}\sum_{j=1}^{N}(f_l(i,j)-\overline{f}_l)^2\right)\left(\displaystyle\sum_{i=1}^{M}\sum_{j=1}^{N}(f_k(i,j)-\overline{f}_k)^2\right)}} \tag{6.19}$$

式中,$f_l(i,j)$、$f_k(i,j)$ 分别代表两个波段光谱影像中空间坐标为 (i,j) 的像元灰

度值，$\overline{f}_i$、$\overline{f}_k$ 分别为两个波段影像的灰度平均值。根据不同波段影像之间的相关性系数，可计算得到去除波段间相关性之后的信息量 H'_b 为

$$H'_b = H_i + H_{i+1}(1 - \rho_{i,i+1}) + H_{i+2}(1 - \rho_{i,i+2})(1 - \rho_{i+1,i+2}) \qquad (6.20)$$

式中，H_i、H_{i+1} 和 H_{i+2} 分别表示第 i、$i+1$ 和 $i+2$ 波段影像的信息量，$\rho_{i,i+1}$、$\rho_{i,i+2}$ 和 $\rho_{i+1,i+2}$ 分别表示两两波段之间的相关性系数。依此类推，可以计算更多波段影像的信息量。

6.3.5　实验与分析

1. 不同区域的相同分辨率影像信息量计算

如图 6.5 所示，选取 2002 年某区域的 SPOT 影像作为实验数据（灰度量化等级为 8 bit、分辨率为 10 m 的多波段影像），进行单波段影像的数据量、信息熵、噪声疑义度、互信息量，以及平均信息量与实际总信息量的计算。在此基础上，选取 4 个波段数据进行多波段影像波段的相关性及多波段合成影像实际信息量的计算。在计算过程中，选取像元个数均为 200×200 且有代表性的 4 类关注区域（城市、耕地、山林地、水体）进行对比计算。

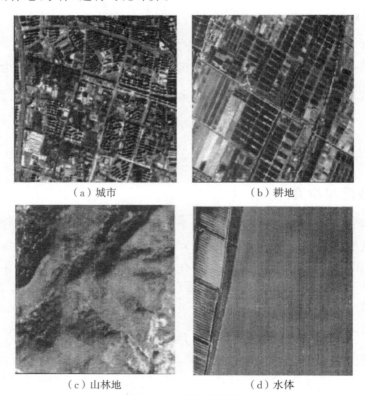

　　　　（a）城市　　　　　　　　　　　　　　（b）耕地

　　　　（c）山林地　　　　　　　　　　　　　（d）水体

图 6.5　实验数据影像

1）信息熵计算

不同类型的土地覆盖区域影像的信息熵的计算结果如表 6.2 所示。可以发现，在 10 m 分辨率的 SPOT 影像中，除水体外，不同地物类型的遥感影像的信息熵差别并不明显，城市的信息熵略大于耕地和山林地，水体的信息熵最低。

表 6.2　不同类型的土地覆盖区域影像单个像元的平均信息熵

关注区域	波段号	信息熵/bit	关注区域	波段号	信息熵/bit
城市	1	6.709 2	山林地	1	6.383 9
	2	6.913 9		2	5.252 9
	3	6.116 1		3	4.480 2
	4	6.903 3		4	6.422 7
耕地	1	6.328 4	水体	1	4.416 0
	2	6.321 9		2	3.992 8
	3	5.130 6		3	3.684 8
	4	6.686 1		4	4.353 5

2）噪声疑义度

在噪声疑义度的计算中，需要对遥感影像的边缘进行检测提取。选用 Canny 算子，得到边缘检测结果，如图 6.6 所示。去除包含边缘的影像子块后，再进行影像噪声的估算。

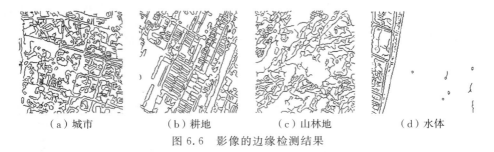

（a）城市　　　　　（b）耕地　　　　　（c）山林地　　　　　（d）水体

图 6.6　影像的边缘检测结果

可以看出，图 6.6(a)、图 6.6(b)的地物覆盖复杂度要高于图 6.6(c)、图 6.6(d)，在统计计算时剔除的影像子块也多一些。剔除边缘轮廓信息后，计算的噪声疑义度结果如表 6.3 所示。

表 6.3　不同地物类型影像的噪声疑义度

关注区域	波段号	噪声标准差	噪声疑义度/bit	噪声疑义度平均值/bit
城市	1	2.361 5	2.278 2	2.208 2
	2	2.178 3	2.197 5	
	3	1.967 5	2.095 7	
	4	2.321 8	2.261 3	

关注区域	波段号	噪声标准差	噪声疑义度/bit	噪声疑义度平均值/bit
耕地	1	1.336 8	2.130 3	2.123 2
	2	1.687 6	2.105 9	
	3	1.286 7	1.999 3	
	4	1.312 9	2.257 4	
山林地	1	1.468 9	1.803 5	1.618 1
	2	1.236 9	1.631 5	
	3	0.923 8	1.339 7	
	4	1.321 2	1.697 5	
水体	1	0.621 3	0.943 2	0.858 6
	2	0.528 7	0.781 6	
	3	0.724 2	1.096 3	
	4	0.446 8	0.613 3	

通过表 6.3 的计算结果可以看出,所选择的 4 个关注区域中城市的噪声疑义度最大,耕地和山林地次之,水体区域的噪声疑义度最小。这说明噪声(即辐射畸变)对城市区域(影像纹理较细、变化较快)的影响要大于其他地物类型覆盖的区域(纹理较粗、变化较慢)。

3)相邻像元相关性

对相邻像元相关性的计算分两步:首先,计算影像的行相关系数 ρ_x 和列相关系数 ρ_y;其次,取行、列相关系数的均值 $\dfrac{\rho_x + \rho_y}{2}$ 作为影像的自相关系数,计算结果如表 6.4 所示。

表 6.4   实验影像的相邻像元的自相关系数

关注区域	波段号	行相关系数 ρ_x	列相关系数 ρ_y	自相关系数	互信息量/bit
城市	1	0.638 8	0.779 9	0.709 4	0.349 8
	2	0.603 2	0.726 7	0.665 0	0.291 8
	3	0.613 6	0.662 1	0.637 9	0.261 2
	4	0.849 9	0.828 6	0.839 3	0.609 3
耕地	1	0.767 1	0.799 6	0.783 4	0.475 5
	2	0.793 6	0.768 0	0.780 8	0.470 4
	3	0.768 2	0.719 5	0.743 9	0.402 9
	4	0.931 9	0.893 0	0.912 5	0.853 6
山林地	1	0.870 9	0.794 2	0.832 6	0.590 7
	2	0.892 2	0.664 9	0.778 6	0.465 9
	3	0.914 4	0.608 5	0.761 5	0.287 7
	4	0.960 9	0.847 4	0.904 2	0.850 5

关注区域	波段号	行相关系数 ρ_x	列相关系数 ρ_y	自相关系数	互信息量/bit
水体	1	0.936 3	0.963 0	0.949 7	1.160 6
	2	0.927 9	0.955 5	0.941 7	1.089 3
	3	0.948 8	0.964 0	0.956 4	1.230 8
	4	0.988 5	0.986 2	0.987 4	1.841 6

通过表 6.4 的计算结果可以发现,城市的相邻像元自相关系数最小;水体的相邻像元自相关系数最大,每一个波段都超过 0.94;而耕地和山林地介于城市和水体之间,数值为 0.74～0.92,且耕地的相邻像元自相关系数略小于山林地。通过对比由 4 个关注区域计算得到的互信息量可以看出,城市相邻像元相关性较小,由此引起的相邻像元信息量的减少量最小;水体相邻像元相关性最大,由此引起的信息量减少量最多;而耕地和山林地的相邻像元相关性相差极小,其互信息量大致相同。

4)单个像元的平均信息量

忽略波段相关性因素对遥感影像信息量的影响,基于遥感影像单个像元构建的平均信息量可由式(6.3)计算得到,结果如表 6.5 所示。

表 6.5　不同地物类型影像单个像元的平均信息量

关注区域	波段号	灰度量化等级/bit	信息熵/bit	噪声疑义度/bit	互信息量/bit	平均信息量/bit	4 波段单个像元平均信息量之和/bit
城市	1	8	6.709 2	2.278 2	0.349 8	4.081 2	16.297 7
	2	8	6.913 9	2.197 5	0.291 8	4.424 6	
	3	8	6.116 1	2.095 7	0.261 2	3.759 2	
	4	8	6.903 3	2.261 3	0.609 3	4.032 7	
耕地	1	8	6.328 4	2.130 3	0.475 5	3.722 6	13.731 7
	2	8	6.321 9	2.105 9	0.470 4	3.745 6	
	3	8	5.130 6	1.999 3	0.402 9	2.728 4	
	4	8	6.686 1	2.257 4	0.893 6	3.535 1	
山林地	1	8	6.383 9	1.803 5	0.590 7	3.989 7	13.872 7
	2	8	5.252 9	1.631 5	0.465 9	3.155 5	
	3	8	4.480 2	1.339 7	0.287 7	2.852 8	
	4	8	6.422 7	1.697 5	0.850 5	3.874 7	
水体	1	8	4.416 0	0.943 0	1.160 6	2.312 4	7.690 3
	2	8	3.992 8	0.781 6	1.089 3	2.121 9	
	3	8	3.684 8	1.096 3	1.230 8	1.357 7	
	4	8	4.353 5	0.613 3	1.841 6	1.898 3	

表 6.5 分别列出了 4 个关注区域(由不同地物覆盖)影像不同波段、单个像元

的信息熵、噪声疑义度、互信息量以及平均信息量。结果表明,城市区域单个像元的平均信息量要大于其他 3 个区域,其中水体单个像元的平均信息量最小,耕地稍大于山林地,介于城市和水体之间。

5)波段间的相关性和总信息量

多个波段光谱影像的同一空间位置像元具有相似性,称为波段间的相关性。在根据式(6.19)量化波段间相关性的基础上,可由式(6.20)计算去除波段间相关性之后的实际总信息量。

通过表 6.6 可以看出,城市波段间的相关性较小,水体波段间的相关性较大,耕地和山林地介于两者之间。水体像元与像元之间存在较强的相关性,波段与波段之间也存在较强的相关性,这种现象说明一幅水体影像相邻像元相关性较大,其像元间的互信息量也较大,导致平均信息量较小;类似地,由于波段间也具有很强的相关性,波段间的互信息量也较大,因此其平均信息量较小。

表 6.6　波段间的相关性和总信息量

关注区域	相关波段号	波段间相关系数	实际总信息量 /bit	实际总数据量 /bit
城市	1,2	0.496 7	361 886.8	1 280 000
	1,3	0.475 3		
	1,4	0.809 9		
耕地	1,2	0.515 9	298 632.2	1 280 000
	1,3	0.558 9		
	1,4	0.794 5		
山林地	1,2	0.743 7	236 076.2	1 280 000
	1,3	0.762 2		
	1,4	0.890 3		
水体	1,2	0.920 3	108 674.7	1 280 000
	1,3	0.944 1		
	1,4	0.916 0		

同时,通过 4 个区域的实际信息量和数据量计算结果可以看出,不同地物覆盖的影像包含的信息量是不同的。城市、水体、耕地和山林地 4 个不同地物覆盖区域的实际信息量由大到小顺序为城市区域、耕地区域、山林地区域、水体区域。这 4 个区域的数据量是相同的,数据量取决于灰度量化等级、波段数和像元个数,其值远大于实际所具有的信息量。由此可见,遥感影像的信息量与数据量并不是同一个概念。对于相同空间分辨率的遥感影像,其信息量除了与灰度量化等级和波段数有关外,还取决于灰度噪声、几何变形、相邻像元的相关性以及波段间的相关性等因素。

通常一幅遥感影像的数据量非常大,但实际它所包含的信息量并不如其数据量大,通过对影像信息量的定量计算和分析,可以更合理地评价遥感影像的质量。

2. 同一区域的不同分辨率影像信息量计算

选取同一地区的 TM 影像、SPOT 影像和航空影像三种类型数据作为实验数据(图 6.7),选取代表相同大小实地区域的影像范围,进行不同空间分辨率的影像信息量计算。其中,所选取影像的主要参数如表 6.7 所示。

（a）TM影像　　　　　　　（b）SPOT影像　　　　　　（c）航空影像

图 6.7　同一地区三种不同分辨率的影像

表 6.7　不同空间分辨率影像的部分参数

影像	波段数	灰度量化等级/bit	空间分辨率/m	影像像元行列数
TM 影像	7	8	28.5	49×48
SPOT 影像	1	8	2.5	540×525
航空影像	3	8	0.15	9 500×8 246

根据 6.3.1 节所述的遥感影像度量策略,基于式(6.3)、式(6.9)、式(6.11)以及式(6.19)和式(6.20)可计算得到不同空间分辨率影像的信息熵、噪声疑义度、相邻像元自相关系数、单个像元的平均信息量、波段间相关系数和总信息量,计算结果如表 6.8 至表 6.12 所示。

表 6.8　不同空间分辨率影像单个像元的平均信息熵

不同空间分辨率影像	波段号	信息熵/bit
TM 影像	1	3.737 9
	2	3.260 9
	3	4.120 1
	4	5.088 2
	5	3.729 6
	6	3.451 6
	7	4.898 9
SPOT 影像	全色	5.679 7
航空影像	1	7.498 1
	2	7.392 0
	3	7.372 4

表 6.9　不同空间分辨率影像的噪声疑义度

不同空间分辨率影像	波段号	噪声标准差/bit	噪声疑义度/bit
TM 影像	1	1.567 7	1.868 5
	2	0.530 2	0.784 4
	3	1.326 4	1.701 4
	4	1.754 4	1.981 1
	5	2.519 4	2.343 0
	6	0.501 1	0.728 0
	7	2.628 2	2.385 2
SPOT 影像	全色	2.494 3	2.332 9
航空影像	1	3.720 0	2.732 7
	2	2.942 2	2.498 1
	3	2.763 5	2.435 4

表 6.10　不同空间分辨率影像的相邻像元自相关系数

不同空间分辨率影像	波段号	行自相关系数 ρ_x	列自相关系数 ρ_y	平均自相关系数	互信息量/bit
TM 影像	1	0.925 6	0.094 3	0.510 0	0.150 6
	2	0.864 8	0.168 1	0.516 5	0.155 2
	3	0.817 7	0.274 4	0.546 1	0.177 0
	4	0.758 2	0.588 2	0.673 2	0.301 8
	5	0.756 5	0.576 0	0.666 3	0.293 3
	6	0.892 7	0.727 1	0.809 9	0.533 5
	7	0.725 8	0.539 2	0.632 5	0.255 5
SPOT 影像	全色	0.827 6	0.676 8	0.752 2	0.417 1
航空影像	1	0.858 5	0.851 2	0.854 9	0.655 9
	2	0.849 1	0.842 2	0.845 6	0.624 7
	3	0.847 5	0.852 4	0.850 0	0.640 7

表 6.11　不同空间分辨率影像单个像元的信息

不同空间分辨率影像	波段号	灰度量化等级/bit	信息熵/bit	噪声疑义度/bit	互信息量/bit	平均信息量/bit
TM 影像	1	8	3.737 9	1.868 5	0.150 6	1.718 8
	2	8	3.260 9	0.784 4	0.155 2	2.321 3
	3	8	4.120 1	1.701 4	0.177 0	2.241 7
	4	8	5.088 2	1.981 1	0.301 8	2.805 3
	5	8	3.729 6	2.343 0	0.293 3	1.093 3
	6	8	3.451 6	0.728 0	0.533 5	2.190 1
	7	8	4.898 9	2.385 2	0.255 5	2.258 2
SPOT 影像	全色	8	5.679 7	2.332 9	0.417 1	2.929 7

续表

不同空间 分辨率影像	波段号	灰度量化 等级/bit	信息熵 /bit	噪声疑义度 /bit	互信息量 /bit	平均信息量 /bit
航空影像	1	8	7.498 1	2.732 7	0.655 9	4.109 5
	2	8	7.392 0	2.498 1	0.624 7	4.269 2
	3	8	7.372 4	2.435 4	0.640 7	4.296 3

表 6.12　影像波段间的相关系数和总信息量

不同空间 分辨率影像	相关波段号	波段间相关性	实际信息量 /bit	总数据量 /bit
TM 影像	1,2	0.973 1	11 663	131 712
	1,3	0.918 9		
	1,4	0.660 3		
	1,5	0.645 8		
	1,6	0.574 6		
	1,7	0.679 5		
SPOT 影像	全色	—	830 570	2 268 000
航空影像	1,2	0.967 1	$3.509\ 7\times10^{8}$	$1.880\ 1\times10^{9}$
	1,3	0.946 4		

通过分析表 6.8 至表 6.12 的计算结果可以看出：

（1）同一区域不同空间分辨率传感器的遥感影像，其信息量差别很大。从信息量计算结果可以发现 TM 和 SPOT 影像的信息量远小于航空影像的信息量。这表明信息量与空间分辨率成正比关系，并且随着遥感影像空间分辨率的提高，包含的信息量也会逐渐增大。

（2）遥感影像的实际信息量远小于其数据量，尤其是多波段影像。波段间的强相关性导致数据中存在很大的冗余。与数据量相比，影像的实际信息量并不大。

6.4　基于视觉特征的遥感影像信息度量

现有的遥感影像信息度量方法主要从不同的角度借助信息论模型探讨了影像信息含量，但仍停留在像元统计的表面层次，忽略了作为遥感影像最可靠的评判者、解译者和最终服务者的人类的视觉感知特性。为此，本节在要素特征的信息量计算模型基础上，结合遥感影像底层视觉特征，提出一组符合人类视觉感知的遥感影像信息度量方法。下面将从影像解译的底层视觉特征入手，将遥感影像空间信息分为光谱信息、纹理信息、形状信息和空间关系信息。进而，结合影像视觉信息的来源，分别构建光谱信息量、纹理信息量、形状信息量和空间关系信息量的计算模型。

6.4.1　基于视觉特征的遥感影像信息度量策略

　　人类视觉系统天生具有处理复杂场景的能力,它能快速高效地进行图像解译与目标识别。解译者在观察影像时,首先关注的是影像整体情况,从全局掌握地物场景与环境;其次是目标认知和识别,通过地物内部结构与纹理等特征判断和鉴别地物;再次是在此基础上,进行目标查找与分离,实质上是通过地物边缘、形状等特征实施地物分割;最后是信息转化,根据实际应用目的按照需求进行地物目标的量测、定位等信息转化,即识别地物之间的空间关系并构建拓扑关系。对于遥感影像而言,人类视觉的解译通常会受到影像底层视觉特征和用户高层语义指导两方面的影响。由于高层语义具有大脑记忆的先验知识、上下文内容、特定地物和固定的匹配模块等特征,受人主观因素的影响比较大,难以对其进行定量化,因此需要使用影像的底层视觉特征度量影像信息。传统的底层可视化特征主要包括颜色、对比度、空间分布、大小、纹理、形状和空间关系等,考虑人眼识别解译遥感影像的认知过程和特征之间的可区分性,可从相互独立的光谱、纹理、形状、空间关系四个方面入手,利用基于要素特征的信息量计算模型,分别对遥感的可视化信息进行度量,如图 6.8 所示。其中,光谱特征是遥感影像最基本的视觉特征,相比于其他特征而言,其具有较好的稳定性,不随空间分布的变化而改变,从影像整体的角度提供视觉信息;纹理特征更关注地物内部结构间的差异,是地物分类与识别的重要依据,从不同地物内部结构的角度提供视觉信息;形状特征则侧重描述地物边界和区域,从地物轮廓和区域等方面提供视觉信息;空间关系特征描述了地物之间的拓扑、度量等空间关系,是人类对环境的认知概念在识别图像中的直接反映,从地物之间空间关系的角度提供视觉信息。

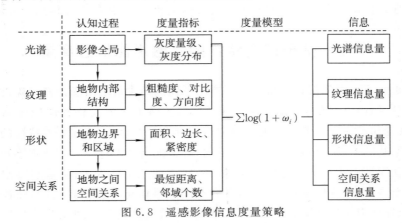

图 6.8　遥感影像信息度量策略

6.4.2　影像地图光谱信息度量

不同的地物类型有不同的光谱特征,丰富的地物光谱特征也是遥感影像与普通图像的本质区别之一。考虑仅讨论单波段影像信息量,可采用灰度特征反映遥感影像光谱信息。像元灰度特征是遥感影像最基本的统计特征,它忽略了空间分布信息,也不考虑每种灰度在影像中的具体位置,仅统计像元灰度的等级与数量。为此,单波段影像的光谱信息与灰度丰富度、灰度分布和灰度概率三方面因素相关。灰度丰富度和灰度概率可以通过灰度级 n 和灰度出现频次 p_i 体现,进而由灰度直方图表达,并且与灰度所包含的信息成正相关关系。与此相比,灰度分布主要体现影像灰度整体分布情况,包括灰度的离散度和灰度的整体形态,可以间接地由影像标准差 σ 和直方图峰度 K 表示。其中,峰度 K 表达为

$$K = \frac{1}{N} \sum_{i=1}^{N} \frac{(X_i - \overline{X})^4}{\sigma^4} \tag{6.21}$$

式中,X_i 表示第 i 个像元的灰度值,$\overline{X}$ 表示影像的平均灰度值,σ 表示影像标准差。峰度描述了灰度直方图分布形态的陡缓程度,这里用峰度的平方 K^2 表示灰度分布与正态分布的差异,K^2 越大表示其分布形态的陡缓程度与正态分布的差异程度越大,其光谱信息量也就越大。鉴于此,将影像灰度频率 p_i、灰度级 n、标准差 σ 和峰度 K 作为度量指标,得到影像光谱信息量 I_g 的度量模型,表达为

$$I_g = \sum_{i=1}^{n} \log(1 + K^2 \sigma p_i) \tag{6.22}$$

式中,p_i 为第 i 个灰度级对应的频率,K 表示影像峰度,σ 表示影像标准差。

6.4.3　影像地图纹理信息度量

光谱特征提供遥感影像整体灰度信息,而纹理描述了地物的内部结构信息,是一种不依赖于颜色或亮度的反映图像同质现象的视觉特征。利用纹理特征分析地物可以有效地避免同物异谱、异物同谱对影像解译造成的影响。人类视觉可以从纹理的周期性、方向性、粗糙性、密度、对比度等特性来分析并判断地物类别。其中,粗糙性、周期性、方向性和对比度是人类感受最为强烈的视觉特征。由于遥感影像包含地物种类繁多,随机纹理周期性不强,下面将从纹理粗糙程度、方向明显性以及对比强度三个方面度量影像的纹理信息量。

纹理分析作为遥感影像处理领域的关键问题之一,众多学者对其方法开展了研究,当前应用最广泛的四类方法包括结构法、统计法、频谱法和模型法。但大多数纹理算法所描述的纹理特征都存在物理属性或视觉特征不明确的问题,使纹理分析结果与视觉感知不一致。Tamura 等(1978)在对纹理视觉感知心理学研究的基础上提出了描述纹理的六个特征,分别是粗糙度、对比度、方向度、线性度、规整

度和粗略度。鉴于此,将 Tamura 纹理的粗糙度、对比度、方向度三个特征作为信息度量指标。

粗糙度是根据影像中每一个像元局域窗口之间的平均灰度值之差计算得到的,先计算影像中每个像元点 2^k 邻域内的平均灰度值,得到处理后的影像 A_k,然后计算 A_k 内像元在垂直和水平方向上不重叠窗口间的平均灰度值之差。当灰度值的差值达到最大时,最优窗口大小是 $S_{\mathrm{best}}(i,j)=2^k$,其中 (i,j) 为像元点位置。影像粗糙度 Fcr 是最优窗口大小的均值,表达为

$$Fcr = \frac{\sum \sum S_{\mathrm{best}}(i,j)}{m \times n} \tag{6.23}$$

式中,m、n 表示影像行列方向上像元数量。

粗糙度是对影像的全局描述,反映了影像粗糙度的平均值。对于遥感影像来说,一幅影像包含多种类别地物,其粗糙度各不相同,仅用整体粗糙度描述影像不仅会损失大量细节信息,还有可能得到完全相反的结果。为此,下面采用粗糙度直方图来描述影像粗糙度,如图 6.9 所示,耕地纹理较细密,其纹理基元大小在窗口尺寸为 4 时出现频率最高,相对而言,山林地纹理基元在窗口大小为 32 时出现频率最高,这说明山林地普遍比耕地有更大的纹理基元。为了兼顾影像中具有不同纹理特征的各区域地物,按照粗糙度直方图的最佳尺寸(出现频率最高)对原始影像进行分割处理,以此保证分割后的子块包含大部分纹理信息,并分别对每个子区域求取粗糙度 Fcr_i。根据人类视觉感知,粗糙度越小,纹理越精细,获得纹理细节信息越多,由此可以得出粗糙度信息量 I_{cr} 为

$$I_{\mathrm{cr}} = \sum_{i=1}^{n} \log(1 + OpFcr_i) \tag{6.24}$$

式中,$OpFcr_i$ 为第 i 个分割子区域的粗糙度归一化值,n 为影像分割块数。

遥感影像是否有明显的方向性是评判地物的重要标准之一。方向性描述的是纹理在某些方向集散或集中的程度,方向性越明显,方向度越大。方向度需要计算每个像元处的梯度向量,并构建梯度向量方向直方图 H_D。对于具有显著方向性的影像,H_D 会表现出明显的峰值,对于无显著方向的影像则表现得比较平坦,因而直方图 H_D 中峰值的尖锐程度可以表现方向的聚集程度(方向度),即

$$Fdi = \sum_{p=1}^{n_p} \sum_{\phi \in \omega_p} (\phi - \phi_p)^2 H_D(\phi) \tag{6.25}$$

式中,p 表示直方图中峰值,n_p 表示直方图中波峰的数量,ω_p 表示该峰值所包含的所有离散区域,ϕ_p 是波峰中心位置,$H_D(\phi)$ 表示直方图中每一个位置 ϕ 处的梯度向量方向的频数值。

与粗糙度类似,方向度 Fdi 仅能描述影像整体的方向性,而无法反映遥感影像中局部细节信息,因而仍然采用上文所述的分割方式对影像进行分割处理。根据视

觉感知,纹理方向性越明显,获得纹理信息越丰富,由此可得方向度信息量 I_{di} 为

$$I_{di} = \sum_{i=1}^{n} \log(1 + Fdi_i) \qquad (6.26)$$

式中, Fdi_i 表示第 i 个分割子区域的方向度归一化值, n 为影像分割块数。

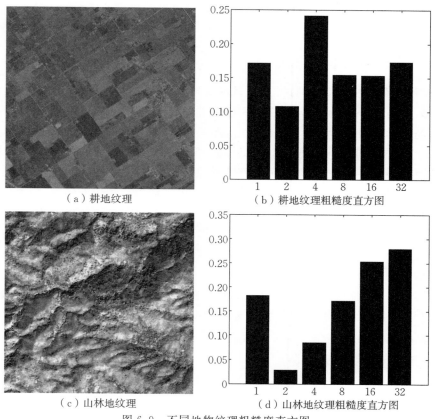

（a）耕地纹理　　　　　　　　（b）耕地纹理粗糙度直方图

（c）山林地纹理　　　　　　　（d）山林地纹理粗糙度直方图

图 6.9　不同地物纹理粗糙度直方图

　　影像对比度反映了影像的清晰程度以及纹理的深浅信息,对比度越大,影像纹理越明显。对比度 Fco 通常由灰度动态范围、直方图上黑白两部分两极分化的程度来衡量,可以通过 $Fco = \sigma / \alpha_4^{1/4}$ 计算得到。其中, σ 表示影像标准差, $\alpha_4 = \mu_4 / \sigma^4$ 表示影像灰度值的峰态, μ_4 是影像四次矩。与粗糙度、方向度相同,对比度也是对整幅影像的全局进行度量,下面仍采用先分割再处理的方式分别度量子区域对比度。根据视觉感知,对比度越大,纹理越明显,越容易获得纹理信息。由此可得对比度信息量 I_{co} 为

$$I_{co} = \sum_{i=1}^{n} \log(1 + Fco_i) \qquad (6.27)$$

式中，Fco_i 表示第 i 个子区域的对比度，n 表示子区域数量。

　　综上所述，以对人类视觉有重要影响的 Tamura 三个关键纹理特征为基础，综合考虑粗糙度、方向度、对比度与人类观察影像获取纹理信息的定量关系，并结合遥感影像纹理固有特征，分别给出了粗糙度、方向度和对比度的信息度量方法。在此基础上，综合考虑三者之间关系，构建纹理信息度量模型 I_t 为

$$I_t = I_{cr} + I_{co} + I_{di} \tag{6.28}$$

6.4.4　影像地图形状信息度量

　　在各种有关视觉信息的讨论中，目标的形状具有特殊的意义。形状是指地物的外形，不会随影像地物光谱特征、内部纹理的改变而发生变化。在辨别道路、房屋、机场等具有特定形状特征的地物时，形状信息具有颜色、纹理所不能比拟的优越性。作为描述影像内容的一个重要参数，形状特征在遥感领域的理论研究和应用实践都得到了深入的发展。而在遥感影像的感知过程中，仍然要从目标底层的轮廓和区域特征获得形状信息，区域特征可以由区域面积和边长体现，轮廓特征则可以由形状复杂程度表达。

　　形状信息度量首先采用影像分割进行形状提取，提取的区域面积越大，地物越明显，从而获得的形状信息也就越多；其次，仅用面积指标不足以完全体现地物区域特征，需要采用地物边长（L）与影像周长（C）之比 $\lambda = L/C$ 作为区域视觉信息的权重，以纠正地物面积与视觉信息量的简单正比例关系；最后，地物形状的复杂程度也是衡量形状信息的关键因素，地物形状越复杂，地物信息越丰富，而形状复杂程度可以用形状紧密度 $Cp = \sqrt{4S\pi}/L$ 来度量（S 为地物面积，L 为地物边长），并且与形状紧密度成反比。

　　因此，根据基于要素特征的信息量计算模型，可以得到影像的形状信息量 I_s 为

$$I_s = \sum_{i=1}^{n} \log\left(1 + \frac{\lambda_i \cdot S_i}{\overline{S} \cdot Cp_i}\right) \tag{6.29}$$

式中，n 为影像中提取出的地物个数，λ_i 为第 i 个地物的形状边长与影像周长比值，S_i 为第 i 个地物的面积，$\overline{S}$ 为所有地物的平均面积，Cp_i 为第 i 个地物的形状紧密度。

6.4.5　影像地图空间关系信息度量

　　在遥感影像中地物并不是单独存在的，地物与地物之间具有一定联系，这种联系就是空间关系。根据人类的认知习惯，人类更关心遥感影像中地物类别和相对位置关系。例如，人的空间思维通过确定国家博物馆在天安门广场东侧这种空间相对位置关系来定位目标，而不是直接记忆绝对坐标。地物间的空间位置关系通常会带来更丰富的视觉信息，从而提升对影像内容的描述和区分能力。例如，确定

了影像中线状地物是高速公路后,可得知两侧的块状区域可能是加油站或服务区。

　　空间关系类型众多,主要包括空间距离关系、空间方向关系和空间拓扑关系。空间距离关系是最基本的一类空间关系,是研究一切空间关系的基础。下面从地物空间距离关系出发讨论遥感影像空间关系信息量。

　　空间距离关系反映了空间地物的接近程度,常用的面状地物距离度量方法有最短距离、质心距离、最大距离和平均距离等。质心距离是地物几何重心之间的距离,通常被用来描述不同地物之间的距离关系。但是在识图过程中,质心距离提供的地物空间关系信息并不完全符合人类对地物空间关系的认知。如图 6.10 所示,道路 R 的质心落在建筑物 C 的区域内,按照距离越近提供的空间关系信息越多的原则,道路 R 与建筑物 C 提供的空间关系信息 I_{RC} 要远远大于道路与其他建筑物提供的空间信息 I_{RA}、I_{RB}、I_{RD}。然而人类认知的实际情况并非如此,忽略其形状信息,道路 R 与除 D 以外的每一个建筑物,即 R 和

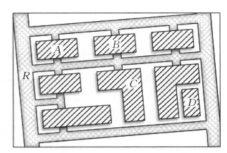

图 6.10　地物空间关系示意

A、R 和 B、R 和 C,都是邻接关系,从而 R 分别与建筑物 A、B、C 提供的空间关系信息是相等的,而 D 距离道路 R 较远,空间关系信息也相对较小,这种距离关系则可用最短距离来表示。空间关系信息度量方法可以描述为:① 在对遥感影像分割的基础上构建所有地物的最短距离矩阵,计算地物 i 到其他地物的最短距离之和 Dis_i;② 根据人类视觉认知可得,最短距离之和 Dis_i 越小,地物 i 与其他地物的空间关系越复杂,其空间关系信息越大;③ 地物 i 的邻接地物数量与其空间关系呈正相关关系。由此可构建影像的空间关系信息量模型 I_r 为

$$I_r = \sum_{i=1}^{n} \log\left(1 + \frac{Ne_i \cdot reDis_i}{\overline{Ne} \cdot \overline{reDis}}\right) \tag{6.30}$$

式中,n 为影像中提取出的地物个数,Ne_i 为第 i 个地物的邻域个数归一值,$\overline{Ne}$ 为所有地物的邻域个数归一值均值,$reDis_i = n \cdot Diag - Dis_i$ 为第 i 个地物的最短距离取反值,$Diag$ 为对角线长,Dis_i 为地物 i 到其他所有地物的最短距离之和,$\overline{reDis}$ 为所有地物的最短距离取反值均值。

6.4.6　实验与分析

　　为验证本节提出的方法的合理性和适用性,特设计两组实验。实验一选取两幅云南某地高分一号卫星影像的全色波段数据作为实验数据,在模拟影像视觉信息衰减的基础上,与现有的遥感影像信息度量算法(Wu et al,2004;Lin et al,2008;张盈等,2015)进行比较。其中,影像数据地物复杂,包括建筑群、水域、道路、山林地等,具

有广泛的代表性。实验中噪声估计采用经典的基于主成分分析的方法,遥感影像地物提取采用分水岭分割算法。实验二选取 2011 年和 2015 年同一地区不同时相的两幅 WorldView-Ⅱ影像作为实验数据,以验证本节提出的方法的适用性。

1. 实验验证与比较

首先对实验一数据采用人工模拟的方法降低影像信息量,然后对比分析本节提出的方法和其他方法(Wu et al,2004;Lin et al,2008;张盈 等,2015)在遥感影像信息明显衰减的情况下的表现。考虑可能使遥感影像退化,下面采用高斯模糊、均值模糊、高斯噪声三种降质方法对两幅遥感影像分别进行信息衰减模拟操作,其中衰减参数都是渐进式选取,确保影像信息呈递减规律(图 6.11)。

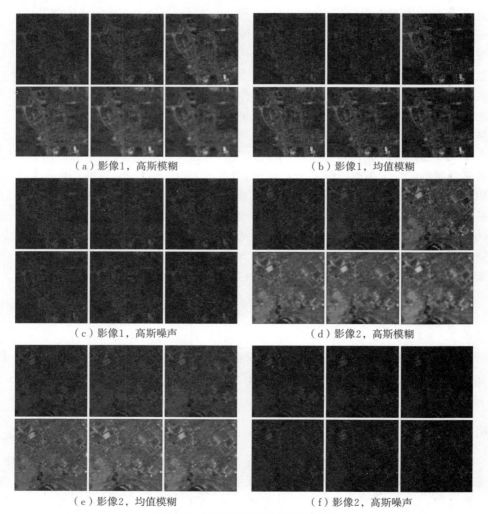

(a)影像1,高斯模糊　　　　　　　　(b)影像1,均值模糊

(c)影像1,高斯噪声　　　　　　　　(d)影像2,高斯模糊

(e)影像2,均值模糊　　　　　　　　(f)影像2,高斯噪声

图 6.11　遥感影像信息量衰减模拟

采用不同方法分别计算实验原始影像及模拟数据信息量,结果如表 6.13 和表 6.14 所示。分析不同度量方法在影像信息衰减过程中的变化规律(图 6.12),可以发现 Lin 等(2008)和张盈等(2015)的方法在影像受噪声污染的情况下能够较好地模拟信息量递减的变化趋势,但在影像模糊退化时不能准确体现信息的衰减过程。相对而言,Wu 等(2004)的方法能够较完整地识别遥感影像在模糊变化过程中信息的递减趋势,但随着噪声的增多影像信息量呈现与人类认知相反的结果。相比于现有算法,本节从光谱、纹理、形状和空间关系四个基本视觉特征入手,分别构建影像信息量计算模型,它们均能准确地捕捉遥感影像中视觉信息的细微变化,并且与人类获取视觉信息的认知规律一致。随着噪声的增多,地物纹理信息逐渐减少,但噪声本身作为一种无序纹理信息却在逐渐增多,造成总体纹理信息基本持平或略有增加。

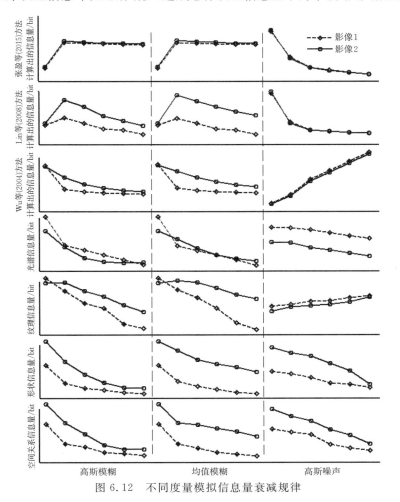

图 6.12　不同度量模拟信息量衰减规律

表 6.13　影像 1 衰减信息度量结果对比　　　　　　　单位：bit

影像信息衰减方法	已有方法计算出的信息量			本节提出的方法计算出的信息量			
	张盈等(2015)	Lin 等(2008)	Wu 等(2004)	光谱	纹理	形状	空间关系
原始影像 1	10.10	2.76	17 715 203	91.10	118.91	189.20	196.04
高斯模糊	15.01	3.18	4 293 608	72.70	110.43	115.90	105.24
	14.84	2.86	2 962 095	69.53	102.17	96.95	90.79
	14.74	2.55	2 311 348	66.63	98.76	91.15	64.57
	14.63	2.47	1 904 175	63.40	88.16	80.70	58.36
	14.55	2.23	1 624 992	59.98	85.30	74.88	51.77
均值模糊	14.97	3.14	4 177 030	72.27	111.20	124.27	106.02
	14.84	2.86	2 955 203	69.39	105.66	104.45	83.89
	14.72	2.55	2 311 884	66.50	98.66	93.45	66.64
	14.63	2.47	1 905 784	63.26	89.12	81.23	57.46
	14.55	2.24	1 626 831	59.82	84.69	74.97	47.06
高斯噪声	5.14	1.13	22 659 309	90.91	120.10	179.90	182.05
	3.27	0.67	31 441 748	89.58	122.42	164.90	171.43
	2.81	0.61	36 332 057	87.69	122.79	142.90	125.81
	2.35	0.54	41 467 738	85.95	124.80	137.38	108.87
	2.02	0.51	46 672 203	84.34	125.81	125.97	96.83

表 6.14　影像 2 衰减信息度量结果对比　　　　　　　单位：bit

影像信息衰减方法	已有方法计算出的信息量			本节提出的方法计算出的信息量			
	张盈等(2015)	Lin 等(2008)	Wu 等(2004)	光谱	纹理	形状	空间关系
原始影像 2	10.363 6	2.864 8	17 358 736	81.90	115.65	284.60	290.77
高斯模糊	15.286 3	4.192 1	10 913 816	71.79	116.14	201.96	201.09
	15.025 4	3.792 0	7 012 129	64.61	110.44	152.04	150.29
	14.838 6	3.293 0	4 913 700	62.13	106.53	120.04	98.45
	14.805 7	2.999 6	3 726 564	61.41	100.93	98.93	79.72
	14.677 2	2.724 6	2 996 816	61.94	96.56	96.66	78.39
均值模糊	15.446 2	4.466 2	13 891 469	76.73	117.05	246.90	201.09
	15.225 0	4.117 3	10 174 252	70.66	115.91	210.48	194.37
	15.037 9	3.808 2	7 723 946	66.67	112.18	191.85	176.65
	14.886 8	3.539 1	6 082 292	64.00	107.84	179.74	162.60
	14.806 7	3.321 9	4 968 540	62.65	105.03	161.53	138.73
高斯噪声	4.927 8	1.073 9	22 001 532	81.34	118.73	262.27	257.90
	3.218 4	0.674 6	30 571 075	78.36	119.46	249.44	233.75
	2.715 0	0.596 7	35 398 100	76.66	120.41	220.68	193.13
	2.311 0	0.547 2	40 445 743	74.59	121.98	191.16	169.33
	1.992 5	0.516 2	45 639 545	72.64	125.38	136.50	129.52

此外,为了验证多类地物遥感信息量的关系,本节采用空间分辨率一致的厂房、池塘、海岸线等八类地物的遥感影像作为数据源(图 6.13),分析其在灰度、纹理、形状以及空间关系等方面信息量的异同,实验结果如表 6.15 所示。通过比较四类信息量发现,不同地物的灰度信息量区分度不大,而形状和空间关系信息量差别较大,这与人类视觉认知一致。居民地影像的各类人工建筑种类繁多,规则地物和不规则地物分布较密集,形状信息和空间关系信息较大;而池塘影像包含大量块状池塘和线状道路,纹理清晰容易辨别,纹理信息最大。

(a)厂房　　　　　(b)多地物　　　　　(c)池塘　　　　　(d)海岸线

(e)旱地　　　　　(f)湖泊　　　　　(g)居民地　　　　　(h)林地

图 6.13　八类地物遥感影像数据源

表 6.15　不同地物影像信息量对比　　　　　　　单位:bit

信息量	厂房	多地物	池塘	海岸线	旱地	湖泊	居民区	林地
灰度	115.8	82	93	83.9	78	101.9	118.2	111.1
纹理	97.3	98.2	106	72.8	88.5	87.4	94.9	86.8
形状	189.2	164.3	271.6	73.8	111.2	134.2	284.6	150.4
空间关系	83.1	104.1	104.1	61.2	80	28.8	119.1	45.1

2．实验应用与分析

不同时相影像信息量的估算可以直观地反映城区规模变化和发展状况。实验选取 2011 年和 2015 年某城区 WorldView-Ⅱ 影像(图 6.14)作为实验数据对比分析城市发展进程,实验结果如表 6.16 所示。相比于 2011 年的实际情况,该地区 2015 年影像光谱和纹理信息量基本持平或略有增加,而形状信息量和空间关系信息量大幅提升。这是因为随着城市规模的扩大,原有空地新建部分建筑区,建筑物形状和空间关系更加复杂,从而导致形状和空间关系信息更加丰富。

（a）2011年遥感影像　　　　　　　　（b）2015年遥感影像

图 6.14　不同时相 WorldView-Ⅱ 影像

表 6.16　不同时相影像信息量计算结果对比　　　　　　　单位:bit

时 相	光谱信息量	纹理信息量	形状信息量	空间关系信息量
2011 年	23.99	129.16	245.95	266.48
2015 年	24.84	133.01	303.73	276.16

第7章　地图空间信息度量的应用

7.1　引　言

地图空间信息度量一直以来都是地图信息传输理论研究的重要内容之一,也是制图学领域的一个主要研究方向,并且已初步应用于地图注记、地图综合、移动地图服务、地图制图质量评价等诸多方面。例如,王昭等(2009)将信息熵应用于地图注记,并基于 Li 和 Huang 的几何信息熵度量,提出了面状符号注记配置方案。Bjørke(2003)将信息论应用于地图综合,提出了面向移动地图服务的道路网综合的信息论方法。田晶等(2010)和艾廷华等(2009)提出了街道渐进性选取的信息传输模型。陈军等(2006)基于地图信息量的均衡性来自适应确定移动地图裁剪窗口的大小。Bishop 等(2001)利用信息熵来度量土壤图的信息量,进而评价土壤图的质量。肖强等(2010)提出一种点位信息度量模型并将其应用于曲线化简。

分析发现,在地图制图质量评价方面,许多研究关注地图要素的位置精度、属性精度、一致性等评价指标,而对于地图信息的载负量(容量)标准探讨较少,这个问题主要涉及地图的易读性和可用性。在地图信息渐进式传输方面,研究较多的是渐进式传输的模型和渐进式传输的速度,而没有具体分析渐进式传输过程中信息量传输状况,从而难以满足用户的需求。在地图综合算法性能评价方面,目前已涌现了大量的综合算法,实质上综合过程也是一个信息传输的过程,即在综合过程中实现信息从较大比例尺地图到较小比例尺地图的传输。因此,信息量可以视为地图综合算法性能评价的一个更为客观的指标。鉴于此,本章以前面章节所提出的地图空间信息量计算模型为基础,研究地图空间信息度量模型与方法在地图信息传输、地图综合和影像质量评价中的具体应用。

7.2　地图空间信息度量在地图综合中的应用

7.2.1　应用背景

化简是地图综合的一个基本算子(王家耀,2007)。现有的大部分化简算法是针对线要素提出的(Li,2007)。线要素化简的基本思想是在尽量保持线要素位置精度、几何形态结构与地理分布特征的前提下,减少线要素的数据存储量。因此,对于线要素化简算法的评价,除算法效率之外,线要素位置精度、形态结构与地理特征是需要考虑的重要因素。

线要素化简的方法很多,主要思路是通过保留特征点并剔除线要素的冗余节点进行。这些方法各有优缺点,现有评价指标一般是通过度量化简前后线要素在形状、位移以及处理时间上的差异来建立的(Nako et al,2003)。由于这些评价指标更多的是分析线要素的位置或局部形状差异,难以全面客观地评价化简算法的性能。为此,本节结合线要素的化简原则,从线要素信息传递的角度,结合层次信息度量模型建立评价指标,以此来评价有代表性的线要素化简算法性能,并提出改进的化简算法。

7.2.2　现有的线要素化简算法评价指标

依据化简的约束范围和类型,线要素化简算法可大致分为五类:①无约束类,代表性算法有第 N 点选取法和随机选点法等;②局部约束类,代表性算法有弧比弦化简算法(Nako et al,2003)和垂比弦化简算法(Teh et al,1989)等;③扩展局部无约束类,代表性算法有带状选点法(Reumann et al,1974)和袖子选点法(Zhao et al,1997);④扩展局部约束类,代表性算法有约束带状选点法(Opheim,1982)和Lang 化简法(Lang,1969);⑤全局约束类,代表性算法有 Douglas-Peucker 化简法(Douglas et al,1973)和面积化简法(Visvalingam et al,1993)。为了研究具有普适性的化简算法评价指标,选取具有代表性的七种化简算法开展评价研究,并用来验证基于层次信息量的评价方法的有效性。

现有的线要素化简算法性能评价主要考虑化简前后线要素在位置和形状的差异,包括视觉差异、矢量位移、形状扭曲变化(或面积偏差)三个方面,其中常用的两个指标是矢量位移和面积偏差(White,1985)。图 7.1(a)是原始线要素和新线要素形成的矢量位移,图 7.1(b)是由原始线要素和新线要素形成的面积偏差。

（a）矢量位移　　　　　　（b）面积偏差
图 7.1　经典线要素化简方法评价指标

分析发现,现有线要素化简算法评价指标侧重于线要素局部的位置精度或者整体的形态结构描述。强调局部位置精度可能导致线要素基本结构失真,而强调整体形态结构特征描述则无法保证算法在局部形态保真方面的性能,因而分别从这两个方面出发建立的评价指标难以合理地评价一个线要素化简算法的性能。例如,一些情况下用户可能更关注化简算法在线要素整体结构和走势方面的保持能力,而另一些情况下用户更关注关键点或者弯曲的保持能力。现有评价指标难以解决这些问题。

7.2.3　基于层次信息量的线要素化简算法评价

1. 基本思想

不同比例尺的地图载负的信息量不同。从信息传输的角度,线要素的化简可以看作不同比例尺之间线要素信息传递的过程。因此,对线要素化简算法性能的评价不仅要侧重视觉差异、形状变化、算法效率等的优化,同时也需要遵循制图原则:①被选择的关键点是否对线要素有决定性作用;②化简后线要素与原始线要素是否在局部弯曲上有较大偏差;③是否可以最优地保持线要素的整体形状和走势。

从信息论的角度,上述三个原则对应线要素上节点的元素、邻域、整体三个层次的信息。在元素层次,根据线要素的节点信息量传递情况,评价所选的节点信息量是否最大;在邻域层次,根据线要素上邻近节点构成的弯曲信息量传递情况,评价化简前后线要素的局部弯曲信息量是否保持最大;在整体层次,根据由线要素节点分布形成的线密度信息量传递情况,评价化简前后线要素的整体走势与形状位置是否保持最大,如图 7.2 所示。

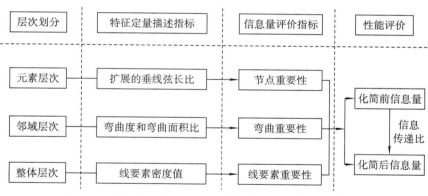

图 7.2　线要素化简方法算法的结构层次信息量评价标准

2. 线要素化简评价的信息量评价方法

1)元素层次——基于线要素节点重要性信息的评价

在元素层次,线要素的信息量主要反映构成线要素节点的重要性程度。针对线要素化简的第一个原则,即被选择的关键点是否对线要素有决定性作用,可以通过计算化简前后线要素在元素层次的信息量来分析元素层次信息传递状况,从而对线要素化简算法在关键点选取方面的能力进行评价。

如 3.2 节所述,一个线要素节点的重要性表现为它与相邻两个节点的关系。如图 7.3 所示,如果删去点 B,则弧 ABC 变为线段 AC,由此可见,节点 B 的重要

性取决于它与节点 A、C 的关系。于是,对于线要素的任一节点,可以选取该节点到相邻两节点连线的垂距与相邻两节点连线段长度的比值来度量该节点的重要性。线要素节点之间的距离通常不是均匀分布的,因此在垂线弦长比的基础上引入支撑域。如果节点和相邻节点的连线段与支撑域有交点,则用此交点代替相邻节点参与弦长和垂距的计算,从而避免出现相邻节点间距离相差太大而导致节点重要性计算出现极小值的情况。

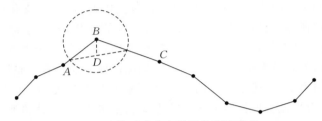

图 7.3　线要素节点重要性程度衡量

从线要素第二个节点到倒数第二个节点,分别计算每个节点的重要性程度 $S(p_i)$,表达为

$$S(p_i) = \frac{V(p_i)}{C(p_i)} \tag{7.1}$$

式中,$2 \leqslant i \leqslant n-1$,$n$ 为线要素的节点个数;$V(p_i)$ 为节点 p_i 到相邻两个支撑域节点连线间的垂线距离;$C(p_i)$ 为其相邻两个支撑域节点连线的长度。对于每条线要素 L_j,将 $S(p_i)$ 代入式(2.34),则可以得到元素层次线要素的信息量为

$$I_{\text{Element}}(L_j) = \sum_{i=2}^{n-1} \log(S(p_i) + 1) \tag{7.2}$$

式中,计算得到的信息量单位为 bit。进而,可得到地图上所有线要素在元素层次的信息量,表达为

$$I_{\text{Element}} = \sum_{j=1}^{m} I_{\text{Element}}(L_j) \tag{7.3}$$

式中,m 为地图上线要素的总数量。

　　线要素上节点垂弦比的值越大,该节点偏移相邻两节点的连线越远,因而作为点要素的关键点,该节点重要性程度越高。由式(7.3)可知,节点垂弦比的值越大,所包含的信息量越多。因此,对比线要素化简前后元素层次的信息量,则可合理评价线要素化简算法在选取关键点方面的性能。

　　2)邻域层次——基于线要素弯曲信息的评价

　　在邻域层次,通过比较化简前后线要素弯曲的几何形态复杂性(即几何形态信息)来分析线要素化简中局部弯曲的保持能力。首先对线要素进行弯曲剖分,得到线要素的弯曲序列。定义线的绕动方向发生变化的点为拐点。由于线要素由离散点连线构成,因而可取绕动方向发生变化的直线段的中点代替拐点,进而相邻拐点之间的线段构成一个弯曲。

　　常用的弯曲度量指标包括弯曲长度、弯曲底线宽度、弯曲面积、弯曲度等,这些指标主要用来描述和区分不同弯曲之间的形状和大小差异。为了有效区分不同几何形态的弯曲,此处仍然采用弯曲度和弯曲长度比两个度量指标。对于一个弯曲 c_i,它的弯曲度主要用来度量弯曲的曲折程度。考虑实际线要素不同弯曲的弯曲度可能存在较大差异,定义弯曲度为弯曲长度 $length(c_i)$ 与弯曲底线宽度 $width(c_i)$ 的比值,表达为

$$f(c_i) = \frac{length(c_i)}{width(c_i)} \tag{7.4}$$

式中,$f(c_i)$ 为弯曲 c_i 的弯曲度,取值范围为 $(1,\infty)$。 该指标的大小不随图形的缩放而改变。也就是说,如果两个弯曲形状相同,它们的弯曲度也相同。因此,该指标不能完全度量弯曲度相同的弯曲的大小差异。下面使用一个能描述和区分弯曲大小差异的度量指标,即弯曲面积比。它是指一个弯曲的面积 $Area_{c_i}$ 与线要素弯曲序列中最大弯曲面积的比值,表达为

$$r(c_i) = \frac{Area_{c_i}}{\max(Area_c)} \tag{7.5}$$

式中,$r(c_i)$ 为弯曲 c_i 的相对面积比值,取值为 $(0,1]$,$1 \leqslant i \leqslant n$;$Area_c$ 是所有弯曲面积构成的集合。进而,可以将线要素的弯曲表达为两个指标值序列,分别为弯曲度序列 $(f(c_1), f(c_2), \cdots, f(c_n))$ 和弯曲面积比序列 $(r(c_1), r(c_2), \cdots, r(c_n))$。

　　对于一个弯曲 c_i,它的信息量可以表达为

$$I_{\text{Neighbour}}(c_i) = I_{\text{Neighbour}}(f(c_i)) + I_{\text{Neighbour}}(r(c_i))$$
$$= \log(f(c_i)) + \log(r(c_i) + 1) \tag{7.6}$$

式中,$I_{\text{Neighbour}}(c_i)$ 为弯曲 c_i 的邻域层次信息量。进而,线要素总邻域层次信息量表达为

$$I_{\text{Neighbour}} = \sum_{j=1}^{m} I_{\text{Neighbour}}(L_j) = \sum_{j=1}^{m} \sum_{i=1}^{n_j} I_{\text{Neighbour}}(c_i) \tag{7.7}$$

式中,n_j 为第 j 条线要素的弯曲数量,m 为线要素的总数量。

　　相对线要素的表达而言,弯曲是构成线要素形态的基本结构,弯曲越丰富,线要素形态越复杂。由式(7.7)可知,弯曲越丰富,线要素弯曲信息量越大。因此,通过比较线要素在化简前后邻域层次信息量的变化,可以评价化简算法在线要素弯曲保持方面的能力。

　　3)整体层次——基于线要素走势信息的评价

　　在整体层次,线要素化简中整体走势保持性能可以通过分析整体层次的信息

量来评价。参考地理学将河川密度定义为单位流域面积上河流的长度,定义线要素密度等于线要素的总长度除以线要素的缓冲区面积。化简过程中保留点数相近时,线要素密度越大,线要素的蜿蜒曲折越多,说明线要素整体走势保持越好。据此,线要素密度可以作为度量整体层次信息量的典型特征。缓冲区的宽度选取是线要素密度计算的关键问题。实验表明,将 3 倍最小位移限差作为缓冲区宽度时,线要素密度计算结果稳定性较好。于是,下面使用 3 倍最小位移限差作为缓冲区宽度,其中最小位移限差可以根据编图规范确定。进而,线要素密度 $Density(L_i)$ 可以表达为

$$Density(L_i) = \frac{Length(L_i)}{Area(Buffer(L_i))} \tag{7.8}$$

式中,$Length(L_i)$ 为线要素的长度,$Area(Buffer(L_i))$ 为线要素 3 倍最小位移限差的缓冲区面积。类似地,线要素整体层次的信息 $I_{Unit}(L_i)$ 表达为

$$I_{Unit}(L_i) = \sum_{i=1}^{m} \log(Density(L_i) + 1) \tag{7.9}$$

式中,m 为线要素的总条数。

    线要素的长度与固定宽度的缓冲区面积的比值(即线要素密度)越大,表示其长度相对"流域面积"越大,因而线要素的整体蜿蜒程度越大。对于表示同一线要素的综合结果,若综合后的线要素的密度越大,则其整体的蜿蜒程度保持越好。因此,通过计算化简前后线要素整体层次的信息差异可评价化简算法在线要素整体走势保持方面的性能。

    综上所述,通过对比线要素化简前后在元素层次、邻域层次和整体层次的信息量进行线要素化简算法性能的评价。其中,通过对比元素层次信息量可以评价算法的关键点选取能力;通过对比邻域层次信息量可以评价算法的局部弯曲保持能力;通过对比整体层次信息量可以评价算法的整体走势保持能力。由此可见,信息量的评价指标能够从不同视角全面地评价线要素化简算法的性能。与现有仅考虑局部位置偏差或者整体形态描述相似性的指标相比较,这种信息量指标更具全面性和合理性。信息量的计算并不复杂,通过基本的矢量运算算子组合可实现信息量的计算,因而具有很好的可操作性。同时,从地图作为地理空间信息载体的角度,信息量的评价指标更具有实用性。

7.2.4   实验与分析

    为了测试用信息量指标评价线要素化简算法的合理性和有效性,下面进行两组实验,实验选取我国华南地区 1∶100 万线状河网数据,并采用 VS2008. NET 和 ArcEngine 9.3 二次开发编制相应的程序模块。

1. 信息量评价指标合理性验证

    为了验证基于层次信息量的线要素化简算法性能评价指标的合理性,设计了

一个实验,采用基于线元素层次信息量的评价指标对化简算法进行全面评价。首先,从实验区选取一个线要素,先后采用五种化简算法,即面积化简法、Lang 化简法、带状选点法、改进的弧比弦化简法及 Douglas-Peucker 化简法,对该线要素进行不同比例的化简。其次,分别计算化简后线要素在元素层次、邻域层次和整体层次的信息量,对化简结果进行性能评价。最后,对比算法实现过程的评价指标与分析结果的一致性程度。

实验过程中,采用五种算法对线要素进行化简,当化简达到保留原始数据 30％的数据量时,将化简结果与原始线要素叠加,如图 7.4 所示。同时,计算得到不同化简程度的线要素在节点元素层次、邻域层次和整体层次上的信息量,如图 7.5 所示。

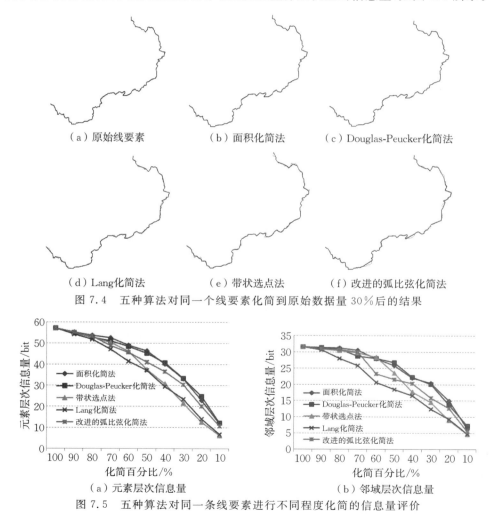

图 7.4　五种算法对同一个线要素化简到原始数据量 30％后的结果

图 7.5　五种算法对同一条线要素进行不同程度化简的信息量评价

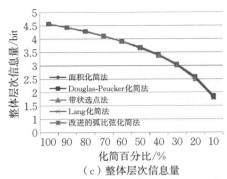

图 7.5（续）　　五种算法对同一条线要素进行不同程度化简的信息量评价

　　面积化简法中,根据相邻的三个节点围成的面积来决定节点的取舍。这一方面使化简算法在线要素的整体趋势上能有较好的保持,另一方面也可能导致与相邻节点距离较近或张角较小的关键点被舍弃,同时局部弯曲也被平滑。Lang 化简法以节点与化简段两端节点连线的垂直距离决定节点的取舍,当化简段两端点连线与线要素本身相交时,处于化简段中间的关键点有可能被舍弃。当连续的关键点在这种情形下被舍弃时,局部弯曲也将被缩减,当然,这种情形在线要素化简中出现的概率偏低。带状选点法是基于起始两节点构建条带覆盖确定舍弃点,因此,该算法对于近起始端的张角敏感性较弱,而对于远端张角敏感性较强,取舍过程中对于关键点和局部弯曲的控制较弱。在 Douglas-Peucker 化简法中,逐次选取备选节点中垂直偏离最远的点,在一定程度上保证了每次迭代的节点都是最优选择,但频繁计算导致算法效率低。改进的弧比弦化简法是前述算法的一个折中。总体上,Douglas-Peucker 化简法在关键点选取、局部弯曲保持和整体走势保持方面均具有优势,带状选点法相对其他方法较差,而面积化简法的整体走势保持是最优的。

　　对照图 7.5 中五种算法对同一个线要素的化简结果在元素层次、邻域层次和整体层次上的信息量,可以看出各个层次信息量的算法性能评价指标与算法在关键点、局部弯曲和整体走势的保持能力方面是一致的。由此可见,本书所提出的线要素三个层次信息量的化简算法性能评价指标是合理可行的。

　　2. 信息量评价指标优越性验证

　　本实验分别选取面积化简法、改进的弧比弦化简法以及 Douglas-Peucker 化简法对实验区河网数据进行化简,并采用本书提出的信息量指标和现有的位移偏移均值以及偏移面积等指标对化简结果进行评价。当化简到原始数据 30% 的数据量时与原始河网进行叠加,如图 7.6 所示。采用三个层次的信息量评价指标和经典的位移偏移量、面积偏差值评价指标进行评价,计算结果如图 7.7 所示。其中,化简百分比是化简到原始数据量的百分比。

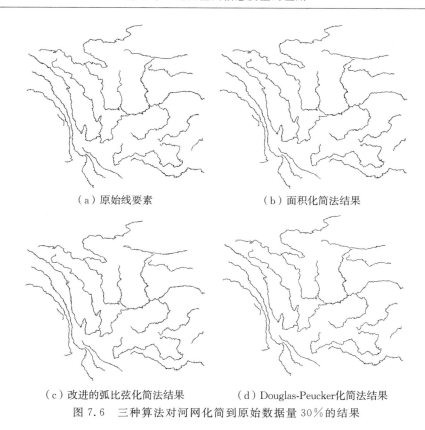

（a）原始线要素　　　　　　　　（b）面积化简法结果

（c）改进的弧比弦化简法结果　　　（d）Douglas-Peucker化简法结果

图 7.6　三种算法对河网化简到原始数据量 30% 的结果

从元素、邻域和整体三个层次的信息量结果可以发现，信息量评价指标随着化简比例的增大而不断减小，化简程度越大，减小速度越快。在化简程度较大时，Douglas-Peucker 化简法有比较明显的优势。相对而言，改进的弧比弦化简法在各方面的性能都比较稳定，而面积化简法的性能相对前两者较差。这与三种算法化简思想是一致的。例如，面积化简法随着化简比例的减小，边长或者垂距的增长都将导致面积的增加，因而关键点、局部弯曲和整体走势保持能力都将迅速下降。此外，化简过程中三个层次信息量指标下降趋势符合这一规律。

对于位移偏移均值和偏移面积评价指标，二者均随着化简比例的减小而增大，其取值范围是不明确的，因而该指标值相对信息量指标的可参考价值较弱。仅由图 7.7 可以判断，面积化简法较改进的弧比弦化简法优越，但通过对前述算法思想的分析，这是不客观的，因而该评价指标较信息量评价指标的可信度要低。采用偏移面积评价 Douglas-Peucker 化简法和面积化简法时，在化简过程中指标值出现负增长现象，这显然与化简过程相违背，而信息量评价指标不存在这种现象。因此，三个层次的信息量指标能够有效评价算法性能，并且相对现有评价指标具有较明显的优势，同时又能够弥补现有指标不能评价算法在线要素关键点、局部弯曲和整体走势保持方面能力的不足。

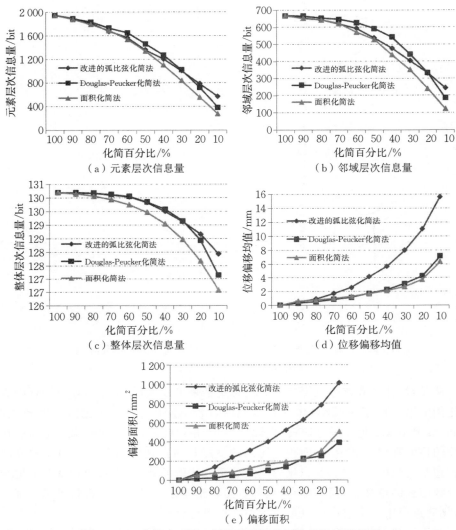

图 7.7　三种算法不同比例化简结果的评价指标计算结果

7.3　地图空间信息度量在地图信息传输中的应用

7.3.1　应用背景

随着网络地图服务的不断发展,空间数据渐进式传输受到越来越多的关注。空间数据渐进式传输通过从概略到精细数据组织和传输实现空间数据的快速传输及按需传输。在渐进式传输过程中,空间数据的主体空间信息先被传输,然后逐渐追加细节化信息。这种渐进式传输方式能够有效避免由空间数据一次性完整传输造成的响应慢问题,同时在传输过程中终端用户可随时终止传输(艾廷华 等,2009),因而受到广泛应用。因此,空间数据渐进式传输具有很好的空间信息导航功效,可以快速满足用户从多角度、多视点通过客户端访问服务器的空间信息的需求,使不同层次用户获得不同分辨率的空间信息,增强了地图网络服务的自适应性(艾廷华,2009)。

矢量空间数据渐进式传输的关键是在服务器端依据重要性对空间数据进行有序组织(Buttenfield,2002),即实现数据表达从空间尺度到时间尺度的映射转换。当前,线状要素主要是通过曲线化简算法实现曲线压缩,并通过构造 Strip-Tree(刘建忠,2007)或 BLG-Tree(艾波 等,2010)等树状结构实现顶点的有序化组织,进而实现渐进式传输。对于面要素渐进式传输模型,具有代表性的研究是艾廷华等(2009)提出的面要素变化累积模型。渐进式传输是空间要素的逐级精细化传输,对于渐进式传输的控制,一个根本的问题是空间信息传递状况分析。空间信息的实时传递状况能够指导用户结合自身实际需求对传输过程进行控制,进而提高空间信息传输效率和利用效率。然而,目前尚缺乏对面要素渐进式传输过程中几何信息传递状况定量分析的研究。为此,本节从地图空间信息量的角度出发,基于艾廷华等提出的面要素变化累积传输模型,研究分析面要素渐进式传输过程中几何信息的传递状况,并建立定量描述指标。

7.3.2　面要素渐进式传输的变化累积模型

面要素渐进式传输变化累积模型的基本思想是在服务器存储记录连续表达的尺度之间面要素的变化差异,而不是完整的数据表达。不妨设面要素的初始表达状态为 S_0,在相邻尺度下两种表达状态 S_i 和 S_{i-1} 间的变化为 ΔS_{i-1},则在第 i 个尺度下面要素的表达源于一系列变化的累积,可以表达为

$$S_i = S_{i-1} + \Delta S_{i-1} = S_0 + \Delta S_0 + \cdots + \Delta S_{i-1} \qquad (7.10)$$

式中,初始表达 S_0 是满足所有潜在用户基本需求的背景数据,S_i 为逐步精细化的表达状态。该模型的实现过程大致分为三个步骤:①将传输数据进行尺度剖分;②建立传输的线性索引;③对接收的数据进行重构(艾廷华 等,2009)。下面以面要素为例来阐述具体的实现过程。

任意形状的面要素都可以剖分为一棵凸包树,第 5 章已经介绍了凸包树的建立过程。面要素渐进式传输是一个由粗到精的传输过程,每一次传输是下一次传输的粗轮廓,因而在传输的过程中只需提取每次传输的粗轮廓,即凸包。在进行凸分解过程中,凸包树只需记录分解得到的凸包。凸包相对非凸包具有较少的节点数量,而由凸分解得到凸包的节点总数规模与面要素节点规模大致相当。因此,在传输过程中,选取连续尺度下凸包树节点凸包进行传输,能够有效实现渐进式传输,并且总的传输

量增加不大。如图 7.8 所示,(a)中面要素对应的凸包剖分结果为(b),根据凸包之间的相互关系建立凸包树(此时不包含口袋多边形),即(c)。根据凸包的面积大小对所有凸包进行排序,可以得到一种渐进式传输的线性索引。在此基础上,接收端对接收的数据单元(即凸包)进行拓扑操作以实现数据的重构。图 7.8(c)中,凸包树不同层次节点所代表的凸包在面要素表达中起着不同的作用,凸包树右边的符号"+"对应拓扑操作中的"并"运算,而"一"符号对应拓扑操作的"差"运算。通过对接收凸包进行"并"或"差"的运算操作,即可实现对接收数据的重构。为了便于传输过程中的数据重构,先对原始面要素从某一个顶点开始按照顺时针方向顺序编号。可以发现,凸包顶点是原始面要素顶点集合的子集,在凸包存储中,只需按照顶点序号大小依次存储编号。每次传输过程中,用凸包顶点序列取代已传输部分的两个重合顶点即可。如图 7.9 和图 7.10 所示,在变化累积模型的渐进式传输过程中,随着传输凸包数量的增加,面要素的形态逐步精细化。变化累积模型即基于这一思想对面要素进行层次化表达,通过分步传输空间数据来实现网络传输的优化。

（a）原始面要素　　　　（b）剖分得到的面要素　　　　（c）凸包树

图 7.8　面要素凸包剖分

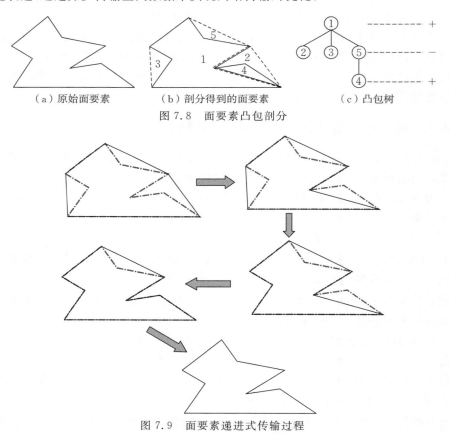

图 7.9　面要素递进式传输过程

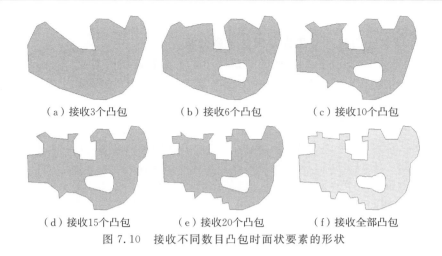

（a）接收3个凸包　　　　（b）接收6个凸包　　　　（c）接收10个凸包

（d）接收15个凸包　　　　（e）接收20个凸包　　　　（f）接收全部凸包

图 7.10　接收不同数目凸包时面状要素的形状

7.3.3　变化累积模型传输过程的空间信息量分析

面要素渐进式传输的目的是解决网络传输过程中数据量与信息量的冲突。在一定的传输速度下,传输的数据量越大,所需要的传输时间越长;数据量少则所需的传输时间就短。对于远程用户端,传输时间被认为是非常重要的传输评价指标,当然,用户希望尽早获得所需的必要信息。因此,当采取渐进式传输时,信息量的传输比也是重要的评价指标。面要素的变化累积模型通过对面要素的形状剖分和逐级逼近进行传输,其空间信息通过分级的几何形状进行传递。下面分析在这一渐进式传输过程中分级传输的凸包的空间信息度量,进而分析变化累积模型的空间信息量传输比。

1. 元素层次凸包几何形状空间信息量分析

凸包几何形状空间信息由凸包的形状复杂程度和凸包的实心度表达,凸包边数比和凸包实心度是其典型的描述指标。凸包面积大小决定了其对面要素几何形状的表达能力,面积较大的凸包反映的是面要素的整体轮廓,而面积较小的凸包反映的是面要素的细节特征。因此,形状相同但大小不同的凸包几何形状信息含量是不一样的。如图 7.10 所示,凸包尺寸即凸包面积直接影响凸包对面要素空间信息量的贡献大小。

设由面要素凸分解得到的凸包按照面积索引排序得到凸包序列$(H_1, H_2, \cdots, H_n)$,对应的凸包面积为$(HullArea_1, HullArea_2, \cdots, HullArea_n)$,从凸包树的节点元素层次考虑,接收 k 个凸包时,其接收的几何形状空间信息量可表达为

$$I_{\text{Geometry}}(k) = \sum_{i=1}^{k} HullAreaP_i \cdot (I_{EdgeNumberP_i} + I_{Convexity_i}) \tag{7.11}$$

式中,$HullAreaP_i$、$I_{EdgeNumberP_i}$ 和 $I_{Convexity_i}$ 分别由式(5.1)、式(5.3)和式(5.7)计算

得到。

2．邻域层次凸包几何层级空间信息量分析

邻域层次凸包拓扑关系特征的复杂性产生了面要素结构的空间信息量。艾廷华等(2009)指出,凸包树的深度取决于面要素边界的复杂性,即面要素边界的复杂性在凸包树的层级上得到体现。也就是说,凸包在层次树中所处层级的层数同样包含了一定的空间信息量。同样地,凸包树节点的出度反映了面要素边界复杂的反复性程度,因而包含了一定的空间信息量。下面称这部分由凸包树节点的邻接关系多样性产生的空间信息量为凸包几何层级信息量。

设凸包树 n 个节点对应的层次(根节点的层次为1)和出度(即子节点数目)分别为 $Level_i$ 和 $OutDegree_i(1 \leqslant i \leqslant n)$。面要素的变化累积传输模型中,当接收 k 个凸包时,所传递的基于凸包树节点邻域层次拓扑邻接特征产生的面要素几何层级空间信息量为

$$I_{\text{Topology}}(k) = \sum_{i=1}^{k} HullAreaP_i \cdot (\log(LevelP_i + 1) + \log(OutDegreeP_i + 1))$$

(7.12)

式中,凸包面积比 $HullAreaP_i$、节点层次比 $LevelP_i$ 和节点出度比 $OutDegreeP_i$分别由式(5.1)、式(5.9)和式(5.10)计算得到。

将凸包几何形状空间信息量和凸包几何层级空间量信息相加,即传递到 k 个凸包时,所传递的面要素空间信息量为

$$I(k) = I_{\text{Geometry}}(k) + I_{\text{Topology}}(k)$$

(7.13)

7.3.4　面要素空间信息传递状况定量分析指标

假设一个面要素渐进式传输中待传输面要素可剖分为 n 个凸包,且每次传输只传输一个凸包,直到所有的凸包完全传输。在渐进式传输过程中的某一时刻已经传输的凸包数为 k,根据上述提出的传输几何信息度量方法,本节提出六个指标来分析渐进式中几何信息传递状况。

1．第 k 次传输的空间信息量

不妨记第 k 次传输的凸包为 H_k,则将 H_k 凸包产生的空间信息量称为第 k 次传输的空间信息量,记为 I_k,则有

$$I_k = HullAreaP_k \cdot (\log(EdgeNumberP_k + 1) + \log(2 - Convexity_k) +$$
$$\log(LevelP_k + 1) + \log(OutDegreeP_k + 1))$$

(7.14)

不难看出,第 k 次传输的几何信息量是从局部层次描述几何信息的传递状况,描述的是已进行的最近一次传输操作的空间信息量。

2．第 $k+1$ 次传输的空间信息量

不妨记第 $k+1$ 次传输的凸包为 H_{k+1},则将 H_{k+1} 凸包产生的空间信息量称为

第 $k+1$ 次传输的空间信息量,记为 I_{k+1}。第 $k+1$ 次传输的空间信息量是从局部层次描述几何信息的传递状况,描述的是即将进行的下一次传输操作将会传输的空间信息量。

3. 已传输空间信息量

传输 k 个凸包时所有已传输的凸包空间信息量总和称为已传输空间信息量,记为 I_{Trans},则有

$$I_{\text{Trans}} = \sum_{i=1}^{k} I_i \tag{7.15}$$

式中,I_i 为第 i 次传输的空间信息量。

不难看出,已传输空间信息量是从整体层次描述空间信息的传递状况,是描述所有已传输凸包所含有空间信息量的绝对指标。

4. 未传输空间信息量

传输 k 个凸包时所有未传输凸包的几何信息总量称为未传输几何信息量,记为 I'_{Trans},则有

$$I'_{\text{Trans}} = \sum_{i=k+1}^{n} I_i \tag{7.16}$$

同样,未传输空间信息量也是从整体层次描述空间信息的传递状况,是描述所有未传输凸包所含有空间信息量的绝对指标。

5. 空间信息传输率

已传输空间信息量占面要素空间信息总量的比值称为空间信息传输率。其中,面要素被剖分成 n 个凸包,其空间信息量总和可以表达为

$$I_{\text{Total}} = \sum_{i=1}^{n} I_i \tag{7.17}$$

进而,空间信息传输率可以表达为

$$\eta_{\text{Trans}} = \left(\frac{I_{\text{Trans}}}{I_{\text{Total}}}\right) \times 100\% \tag{7.18}$$

分析可以发现,空间信息传输率也是从整体层次描述空间信息的传递状况,是描述所有已传输凸包产生的空间信息量的相对指标,也是描述空间信息传递状况最重要的指标。

6. 空间信息未传输率

未传输几何信息量占面要素几何信息总量的比值称为空间信息未传输率。很显然,空间信息传输率和空间信息未传输率之和应该等于 1,因此,空间信息未传输率计算方法为

$$\eta_{\text{Rem}} = \left(1 - \frac{I_{\text{Trans}}}{I_{\text{Total}}}\right) \times 100\% \tag{7.19}$$

空间信息未传输率同样是从整体层次描述空间信息的传递状况,是描述所有未传输凸包所含有空间信息量的相对指标。

显然,上述六个指标从不同层面、不同角度对空间信息传递状况进行了分析,能够使用户很好地掌握渐进式传输过程中的空间信息传递状况,进而增强对渐进式传输过程的控制,提高空间信息的传输效率和利用效率。

7.3.5 实验与分析

为了验证本节所提空间信息传递状况分析方法,下面进行一组实际实验。实验从华东地区某市的 1∶1 万水系数据中选取了具有代表性的面状要素进行分析,如图 7.10 所示。该面状要素一共可以剖分为 24 个凸包,单次只传输 1 个凸包,实验分析了接收不同数目凸包时面状要素的表达形态和空间信息的传递状况。图 7.10 中(f)为待传输的面要素,(a)至(f)为所选取的 6 个传输状态,相应的空间信息传递状况指标计算结果见表 7.1。

表 7.1 接收不同数目凸包时几何信息传递状况

累积传输凸包数	累积传输空间信息量/bit	空间信息传输率/%
1	4.80	42.1
3	7.48	65.7
6	9.47	83.1
10	10.48	92.0
15	10.91	95.8
20	11.20	98.3
24	11.39	100

由表 7.1 可以发现,传输 6 个凸包后空间信息传输率已经达到了 83.1%,这其实是合理的。因为渐进式传输是遵循从粗糙到精细、从整体到局部的空间信息认知规律的,能体现待传输区域整体特征的数据应该优先传输,而体现整体特征的数据一定包含了传输目标主体的空间信息,因而这部分信息量较大。实验中根据传输凸包的面积大小构建传输的线性索引,优先传输的凸包面积较大,其空间信息含量一般也较多。当传输较少数目凸包时,已经能较好地反映目标的整体形态,达到了较高的空间信息传输率。随着传输的不断进行,凸包面积逐渐减小,在整个面状要素表达中所起作用为不断补充目标细节,因而这些凸包的空间信息量也越来越小,空间信息传输率的变化也就不再明显。实验中,假设每次只传输一个凸包,便可分析面状要素渐进式传输中的空间信息传递状况。反之,假设在接收端能够实时地掌握空间信息传递状况,用户就可以根据空间信息传递状况来指导传输过程,实现数据的"打包"传输,从而较好地提高空间信息传输效率和利用效率。

需要指出的是,这里变化累积模型是基于凸包描述面要素的,这种模型适合具有不规则形状的面要素的渐进式传输。信息传递状况的分析是建立在凸包信息分析基础上的,适用于不规则的自然要素(如行政区、水系、农用地等)的渐进传输。形状规则的面要素(如人工建筑物等)则更适合采用最小外接矩形传输。

7.4　影像地图信息度量在影像质量评价中的应用

7.4.1　应用背景

　　影像地图空间信息度量方法较早应用于遥感影像质量的评价。遥感影像质量问题的研究早期主要源自图形图像和计算机视觉领域对数字图像的评价方法和指标。图像质量主要表现为图像逼真度和图像可懂度两个方面。其中,图像逼真度是表示失真图像与参考图像之间的偏离程度,两幅图像的偏差越小,则两幅图的相似性越大,逼真度越高,反之逼真度越低;图像可懂度则表示图像能够提供可用信息的程度,图像提供的信息越多,则认为可懂度越高,图像的质量则越好。因此,图像逼真度和图像可懂度也可以表示遥感影像的质量。如果能够找到两者的计算或度量方法,可以将其作为影像质量评价的依据。据文献可知,遥感影像质量评价主要还是通过对影像像元值的客观统计来进行的。而人的视觉才是影像系统的最后终端,由它做出的评价才是最佳评价。目前,对人类视觉系统仍没有完全了解其内部的运作机制,尤其是对人类视觉系统的心理物理学特性还很难用合适的数学模型来描述。为此,本节将人类视觉系统与遥感影像质量评价相结合,构建基于信息量的遥感影像质量评价方法。

7.4.2　图像质量评价方法

　　图像质量是图像处理系统评价的重要指标,是评估图像压缩、编码和传输等的技术性能的重要依据。现有的图像质量评价方法分成两大类,即主观质量评价方法和客观质量评价方法。

　　(1)主观质量评价方法。由人对图像质量进行直接打分,以反映人的主观感觉。主观质量评价方法相对准确和可靠,但是它耗时长、代价高,而且主观评价结果容易受实验的客观环境、评价者自身的背景知识结构等条件的影响,其结果常常不能保持一致,因而可移植性较差,不适合用于需要实时监控的系统。

　　(2)客观质量评价方法。该方法通过模型的客观量化指标或参数评价图像质量,利用数学和工程方法对图像质量进行计算,具有实时、简单、可重复和易集成等优点,能够有效弥补主观评价方法的不足,因而成为图像质量评价体系中的研究热点。

　　客观质量评价方法分成三类:全参考型、部分参考型和无参考型。全参考型方

法需要将原标准图像的全部信息作为评价的参考依据;部分参考型方法需要将原
标准图像的部分信息或统计信息作为评价的参考依据,如基于图像梯度或边缘特
性的方法,是利用图像的部分特征信息的比较对失真图像做出评价;无参考型方法
不需要原标准图像的任何信息,而完全依靠待测失真图像自身的信息进行质量评
价,如通过计算图像的信息量、清晰度、信噪比等对失真图像进行评价。图像质量
评价方法的具体分类如图 7.11 所示(马旭东 等,2014)。

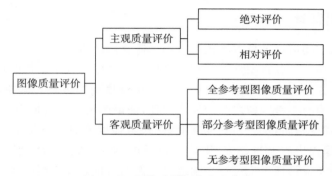

图 7.11　图像质量评价方法分类

7.4.3　常用的遥感影像质量评价指标

　　遥感影像质量评价指标大都源自图像的质量评价方法和指标。在《遥感影像
平面图制作规范》(GB/T 15968—2008)中,对遥感影像的质量评定标准,目前只有
层次丰富、清晰易读、色调均匀、反差适中等主观定性描述,没有客观定量评价
指标。

　　根据图像的质量评价方法,遥感影像主要分为定性和定量两类质量评价方法。
定性评价主要通过目视效果(如亮度、反差、清晰度、逼真度、纹理、细节信息及噪声
水平等)进行分析,具有很大的主观性。定量评价常利用统计参数等数学方法进行
判定。遥感影像定量评价指标很多(马旭东 等,2014),根据其表示的影像属性特
征进行分类,如图 7.12 所示。

　　1. 亮度

　　影像均值能够反映遥感影像的平均亮度。如果均值适中,则表明视觉效果良好。

　　2. 对比度

　　对比度是对一幅影像中明暗区域最亮的白和最暗的黑之间不同亮度层级的测
量,即指一幅影像灰度反差的大小,一般用方差和标准差来表示,也可以用灰度共
生矩阵来表达。

　　3. 信息量

　　影像的信息熵是表达影像信息量大小、信息丰富程度的一个主要指标。从影

像直方图的角度看,直方图分布越平坦均匀,影像信息熵就越大,当影像所有灰度级分布概率都相同时(即每个灰度级的像元个数都相同时),影像信息熵达到最大值。融合影像的信息熵越大,表明融合影像的信息量就越大。

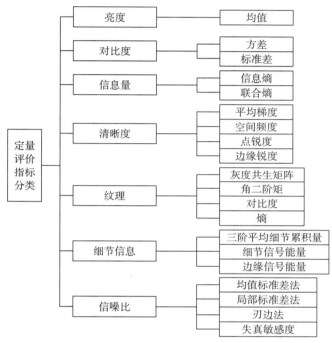

图 7.12　定量评价指标

4. 清晰度

清晰度指影像细节边缘变化的清晰敏锐程度,反映影像表达微小细节反差的能力。在影像的细节边缘处,亮度值随位置的变化越敏锐(变化快、剧烈或反差大),则细节的边缘越清晰,可分辨程度越高。平均梯度、空间频度以及边缘锐度常被用来量化遥感影像清晰度。

5. 纹理

影像的纹理可以通过灰度共生矩阵进行表示,灰度共生矩阵最早由 Haralick 在 1973 年提出,它通过统计影像中一定距离和一定方向的两个像元的联合概率分布来计算影像灰度相关性,对比度、熵以及角二阶距是灰度共生矩阵中三个有代表性的基本参数。

6. 细节信息

影像的细节信息可以反映遥感影像局部细节信号的丰富程度、清晰度。三阶平均细节累积量、细节信号能量、边缘信号能量能够分别量化遥感影像的重建累积信号、局部细节信号和影像边缘信号,是影像空间信息评价的常用指标。

7. 信噪比

信噪比是信号与噪声的比值,反映影像受噪声干扰的程度,是评价遥感成像系统辐射性能的重要指标。相同噪声对不同强度信号的影响是不同的,因此,估计遥感影像信噪比是十分必要的。

7.4.4 基于信息量的遥感影像质量评价方法

1. 基于影像统计特性的评价方法

该方法是通过统计影像的像元值特征来评价影像质量。这些统计量主要有均值、方差、标准差、信息熵、平均梯度、边缘锐度、点锐度、角二阶矩、对比度、边缘能量、信噪比等。这些统计量可以表示影像质量。其中,经典香农熵的度量只是众多基于影像统计特性的质量评价方法中的一种,是表达影像信息量大小或信息丰富程度的一个主要指标,表达为

$$H = -\sum_{i=1}^{k} p(i)\log p(i) \tag{7.20}$$

式中,$p(i)$ 是影像取灰度值 i 的概率,k 为灰度级总数。从影像直方图的角度来看,直方图分布越平坦均匀,影像信息熵就越大;当影像所有灰度级分布概率都相同时(即每个灰度级的像元个数都相同),影像信息熵达到最大值。

2. 基于视觉信息量衰减的评价方法

受视觉系统内在推导机制的启发,先将输入影像分解为可预测信息和不确定信息这两部分,然后分别度量这两部分的信息量衰减程度,最后根据这两部分的信息量衰减情况评价影像的质量。

1)视觉信息度量

视觉系统的内在推导机制是一套信息积极推导系统,通过调整视觉系统的内在结构特性对输入图像的内容进行推导。因此,可以将内在推导机制设想成一套带参数 (β) 的视觉信息处理系统。在该系统内,影像 I 的视觉信息量 E 可表达为

$$E(I|\beta) = -\log P(I|\beta) \tag{7.21}$$

式中,$P(I|\beta)$ 为一幅影像在给定参数 β 下的条件概率。

一幅影像 I 可以分解成可预测信息 I_p 及不确定信息 I_d 这两部分。由于这两部分所代表的视觉内容不同,需要分开处理这两部分信息,并且影像传递给视觉系统的信息可以看成这两部分分别所表达内容的和。根据香农信息论,式(7.21)可重新表达为

$$E(I|\beta) = -\log P(I_p, I_d|\beta) = E(I_p|\beta) + E(I_d|\beta) \tag{7.22}$$

式中,$E(I_p|\beta)$ 和 $E(I_d|\beta)$ 分别表示 I_p 和 I_d 这两部分的视觉信息量。

由于人类视觉系统高度关注影像亮度对比度的变化,并且影像的主要信息是通过亮度对比度变化所表现出来的特性进行传递,因此亮度对比度通常被用于影

像结构信息衰减的度量。本节采用亮度对比度 ε 来表征影像的主要视觉信息,具体计算式为

$$\left.\begin{array}{l}\varepsilon(x)=\max\limits_{k=1,\cdots,4} Grad_k(x)\\ Grad_k(x)=|\varphi\,\nabla_k\otimes I_p|\end{array}\right\}\quad(7.23)$$

式中, ∇_k 为方向滤波器, $\varphi=1/16$, $\otimes$ 为卷积符号。

　　影像可预测信息部分的信息量采用香农熵计算得到。根据亮度对比度图在各灰度级上的分布概率 p_i, $E(I_p|\beta)$ 可表达为

$$E(I_p|\beta)=\frac{1}{N}\sum_{x=1}^{N}I_p(x)^2\quad(7.24)$$

式中, N 为影像 I_p 所包含的像元数量。

　　此外,不确定信息部分由影像的不确定信息组成,该部分内容独立于影像的主要视觉信息,且其信号强度直接代表内容的不确定程度。因此,不确定信息部分的信息量可表达为

$$E(I_d|\beta)=\frac{1}{N}\sum_{x=1}^{N}I_d(x)^2\quad(7.25)$$

式中, N 为影像 I_d 所包含的像元数量。

　　2)影像质量衰减的度量

　　根据式(7.24)及式(7.25),可以计算得到原参考影像 I^r 的可预测信息和不确定信息这两部分的信息量 $E(I_p^r|\beta)$ 及 $E(I_d^r|\beta)$,以及待测影像的视觉信息量 $E(I_p^t|\beta)$ 及 $E(I_d^t|\beta)$。影像可预测信息部分的质量衰减可表达为

$$Q_p=\frac{2E(I_p^r|\beta)E(I_p^t|\beta)}{(E(I_p^r|\beta))^2+(E(I_p^t|\beta))^2}\quad(7.26)$$

而影像不确定信息部分的质量衰减可表达为

$$Q_d=\frac{2E(I_d^r|\beta)E(I_d^t|\beta)}{(E(I_d^r|\beta))^2+(E(I_d^t|\beta))^2}\quad(7.27)$$

通过结合度量结果 Q_p 和 Q_d,则可得出影像的综合质量

$$S=(Q_p)^\alpha\cdot(Q_d)^\beta\quad(7.28)$$

式中, α 和 β 分别表示 Q_p 和 Q_d 的重要性幂次。 Q_p 表征影像可预测信息部分的质量衰减情况,该部分的衰减直接影响视觉系统对影像主要信息的感知; Q_d 表征不确定信息部分的质量衰减情况,该部分的衰减对影像主要信息的影响作用有限。

7.4.5　实验与分析

　　本实验根据视觉信息衰减程度评价图像质量,算法涉及图像可预测信息和不确定信息这两部分的视觉信息衰减情况。以图 7.13 为验证数据,从左到右分别为原参考图像(均方误差 MSE=0)、受白噪声污染图像(MSE=220)及受 JPEG2000

压缩的噪声污染图像（MSE＝212），从上到下分别为原图［（a）、（b）、（c）］、可预测信息［（d）、（e）、（f）］及不确定信息［（g）、（h）、（i）］。

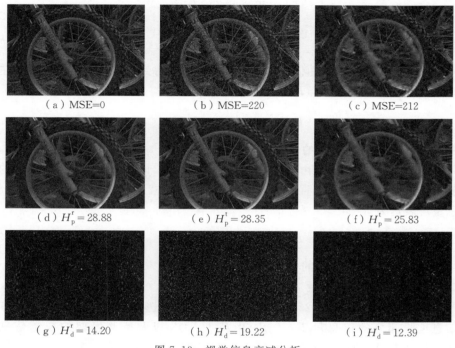

(a) MSE=0　　　　　　　(b) MSE=220　　　　　　(c) MSE=212

(d) $H_p^r = 28.88$　　　　(e) $H_p^t = 28.35$　　　　(f) $H_p^t = 25.83$

(g) $H_d^r = 14.20$　　　　(h) $H_d^t = 19.22$　　　　(i) $H_d^t = 12.39$

图 7.13　视觉信息衰减分析

不同类型的噪声将引起不同的视觉信息衰减。如图 7.13(b)所示，白噪声主要增加该图的不确定性。由于人眼视觉系统能够有效滤除白噪声，使白噪声对图像主要视觉信息的影响有限。通过对比图 7.13(a)与(b)的内容可知，图 7.13(b)几乎保留了图 7.13(a)所有的视觉内容，如轮胎的纹理细节和车梁上的文字信息。总之，图 7.13(b)中的高斯白噪声主要影响图像的不确定信息，对图像的主要视觉信息几乎没有影响。相反，受 JPEG2000 压缩的噪声污染图像主要衰减图像的结构信息。如图 7.13(c)所示，轮胎的纹理模糊严重，车梁上的文字也完全没法辨认。虽然这两幅噪声污染图中的噪声能量差不多，但图 7.13(c)的主要视觉信息损失比图 7.13(b)严重得多，导致图 7.13(c)（平均主观得分差为 42.2）的主观质量比图 7.13(b)（平均主观得分差为 38.0）差很多（平均主观得分差越小，主观质量越高）。

本节所提算法分别度量图像可预测信息及不确定信息的衰减情况。如图 7.13 所示，受噪声污染图像［图 7.13(b)］的可预测信息部分［图 7.13(e)］与原参考图像［图 7.13(a)］的可预测信息部分［图 7.13(d)］非常相似，它们的视觉信息量也近似相等,图 7.13(d)中原参考图像的可预测信息量为 $H_p^r = 28.88$,图 7.13(e)中受污染图像的可预测信息量为 $H_p^t = 28.35$。受 JPEG2000 压缩的噪声污染图像[图 7.13(c)]的可预测信息部分[图 7.13(f)]与原参考图像[图 7.13(a)]的可预测信息部分[图 7.13(d)]具有明显的区别,图 7.13(f)的信息量($H_p^t = 25.83$)小于图 7.13(d)。另一方面,白噪声增加了图像的不确定性,使图 7.13(b)的不确定信息部分的信息量(受污染图像的不确定信息量 $H_d^t = 19.22$)大于原参考图像的不确定信息部分的信息量(原参考图像的不确定信息量为 $H_d^r = 14.20$)。而受 JPEG2000 压缩的噪声污染图像模糊了图像结构,也去掉了许多不确定信息。图 7.13(i)的不确定信息量为 $H_d^t = 12.39$,小于原参考图像的不确定信息量。根据所提算法,图 7.13(b)和图 7.13(c)的质量分别为 0.954 和 0.937,即图 7.13(b)的质量高于图 7.13(c),这与主观感知结果一致。因此,通过区分处理图像可预测信息及不确定信息的质量衰减,能够更加有效地度量图像的质量。

7.5　影像空间信息度量在影像地物分类中的应用

7.5.1　基于混合熵模型的遥感影像分类

遥感影像分类精度评估所采用的指标包括熵、信息量、模糊熵、交叉熵、混合熵、发散度、相关系数、点积和欧氏距离等。为了统一考虑由随机性和模糊性所引起的总不确定性,刘艳芳等(2009)引入混合熵模型来综合度量分类的随机不确定性和模糊不确定性。混合熵模型是基于信息理论和模糊集理论建立起来的。它是一个由随机空间(R)和模糊空间(F)所确定的共同积空间 $R \times F$,表征系统随机不确定性和模糊不确定性的总分布函数对应一个映射,即 $f:R \times F \to [0,1]$。具体的建立过程描述如下:

(1)将随机空间(R)用信息熵 $H_r(X)$ 表示,以测度信源的平均不确定性。对于取值离散的信源 $\begin{bmatrix} X \\ P \end{bmatrix} = \begin{bmatrix} a_1 & a_2 & \cdots & a_n \\ p_1 & p_2 & \cdots & p_n \end{bmatrix}$($p_i$ 为事件 a_i 出现的概率,且 $p_i \geqslant 0$, $\sum_{i=1}^{n} p_i = 1$),根据香农熵模型,信息熵 $H_r(X)$ (也称为统计熵)表达为

$$H_r(X) = E(-\log p_i) = -\sum_{i=1}^{n} p_i \log p_i \tag{7.29}$$

(2)将模糊空间(F)用模糊熵 $H_f(A)$ 表示。设 $U = \{x_1, x_2, \cdots, x_n\}$ 为论域,A 是 U 上的一个模糊子集,对于 $\forall x \in U$,都有一个 $\mu_A(x) \in [0,1]$ 与之对应,$\mu_A(x)$ 成为模糊子集 A 的隶属函数。在不考虑概率分布函数的情况下,Deluca 和 Termini 于 1972 年提出的模糊熵模型为

$$H_{f}(A) = -k \sum_{i=1}^{n} (\mu_A(x_i)\log\mu_A(x_i) + (1-\mu_A(x_i))\log(1-\mu_A(x_i)))$$

$$(7.30)$$

式中，k 是大于 0 的常数，通常取 $k=1$。

（3）将总不确定性用混合熵 $H_h(R,F)$ 表示。特别地，当模糊性或随机性消失时，$H_h(R,F)$ 相应地退化为统计熵模型或模糊熵模型，进而根据香农熵和 Deluca-Termini 模糊熵模型，引入离散混合熵 $H_h(R,F)$，表达为

$$H_h(R,F) = -\sum_{i=1}^{n} (p_i\mu_i\log(p_i\mu_i) + p_i(1-\mu_i)\log(p_i(1-\mu_i))) \quad (7.31)$$

对式（7.31）进一步分解则可得到

$$H_h(R,F) = H_r + H_f - H_{rf} \quad (7.32)$$

式中，H_r 和 H_f 分别是由式（7.29）和式（7.30）所定义的系统的统计熵和模糊熵；H_{rf} 为随机性与模糊性的交叉熵，它可以看作随机性和模糊性的交叉影响。因此，在随机空间和模糊空间组成的联合空间中，系统的总不确定性（混合熵）等于统计熵与模糊熵的和再减去它们的交叉熵。

为了评价遥感影像像元尺度上的综合不确定性，刘艳芳等（2009）基于以上混合熵模型探讨了像元混合熵的建模方法，具体过程描述如下：

（1）在遥感影像处理中，信息熵被用作对同一类地物的影像亮度值的分散程度和均匀程度的度量，即对分类的随机不确定性进行度量，从而评价由此造成的"同物异像"及"同像异物"的不确定性。由式（7.29）可以看出，统计熵的确定主要依赖于特征空间的概率密度分布函数。受随机性因素（如大气条件、背景、地物朝向、传感器噪声等）的影响，同类地物的各取样点在光谱特征空间中的特征点将不可能只表现为同一点，而是形成一个相对聚集的点集群。通常在监督分类方法中，假设该点集群满足正态分布特征，将其作为一般的特征空间分布形态进行考虑，其概率密度分布函数为

$$p(x) = \frac{1}{\sigma\sqrt{2\pi}}\exp\left(-\frac{(x-E)^2}{2\sigma^2}\right) \quad (7.33)$$

将式（7.33）代入式（7.29）可以看出，特征空间统计熵的大小与分布的方差 σ 和期望值 E 有关。

（2）在遥感影像处理中，模糊熵被用来评价模糊集内的不确定性，即对分类的模糊不确定性进行度量，从而评价由此造成的"混合像元"的不确定性。可以看出，模糊熵的确定主要依赖于隶属度函数。为获取隶属度函数，模糊分类器被用来处理遥感影像。最常见的模糊分类器是模糊最大似然分类法。最大似然分类法的实质是判断像元 x 属于类别 ω_i 的条件概率 $p(\omega_i|x)$，由此可将其作为模糊集合中元素隶属于集合中基本概念的隶属度 $\mu_{\omega_i}(x)$，则像元属于每一类别的后验条件概率可以用一个模

糊集合来描述，即 $\{p(\omega_1\,|\,x),p(\omega_2\,|\,x),\cdots,p(\omega_i\,|\,x),\cdots,p(\omega_n\,|\,x)\}$，则遥感影像任一像元 x 属于类别 ω_i 的隶属度 $\mu_{\omega_i}(x)$ 对应为 $p(\omega_i\,|\,x)$。将该参数代入式(7.30)，可得由每个像元 x 的模糊不确定性所产生的模糊熵为

$$H_f(x)=-k\sum_{\omega_i=1}^{n}(\mu_{\omega_i}(x)\log\mu_{\omega_i}(x)+(1-\mu_{\omega_i}(x))\log(1-\mu_{\omega_i}(x)))$$

$$(7.34)$$

式中，通常取 $k=1,n$ 为类别 ω_i 的总数。

(3)在分类后的像元中，既包括由同物异像和同像异物造成的随机不确定性，又包括由混合像元造成的模糊不确定性，于是，可根据式(7.32)计算得到综合度量像元随机不确定性和模糊不确定性的混合熵的值。其中，先计算交叉熵，所需的参数与计算统计熵、模糊熵的参数一致；在此基础上，利用统计熵、模糊熵、交叉熵的加减运算来计算像元的混合熵值。

7.5.2　实验与分析

刘艳芳等(2009)采用 2005 年湖北省黄石市 SPOT-5 遥感影像作为实验数据，用于土地利用分类(图 7.14)，并基于混合熵模型对分类结果进行评价，建立像元混合熵和类别混合熵，从而形成多尺度的评价指标(图 7.14)。混合熵计算结果如图 7.15 所示。由定义可知，混合熵 $H_h(R,F)$ 取值越接近于 0，则像元总不确定性越小；反之，则越大。总体来看，在图 7.15 中混合熵值为 0 的区域有两个(A 和 C)，A、B、C 三区域中混合熵值最大的区域为 C。在实验区域内，综合分析图 7.15 可以看出，像元的混合熵值与其分类的不确定性之间的关系可以描述如下：

图 7.14　基于模糊最大似然法的 SPOT 影像分类结果

（1）混合熵值为 0 的区域分别位于区域 A、B 范围内，说明其像元完全确定属于某一类别，混合像元最少，且"同物异像"及"同像异物"现象也很少，相应的总不确定性也最小。

（2）混合熵最大的区域为 C，位置正好处于两个确定分类区域 A、B 的中间地带，说明这个范围是分类的边界线位置，其中像元大多属于混合像元，而且由于不同地物光谱的影响，也表现出大量的"同物异像"及"同像异物"现象，造成像元的总不确定性最大。

（3）在区域 A、B 的周围，混合熵值递增；在区域 C 的周围，混合熵值递减。说明在以 A、B 区域为中心的范围内形成了一个不确定性递增变化的趋势，而在区域 C 内，即两个确定类别的边界线位置，分类的不确定性达到最大值。

0.184	0.226	0.271	0.256	0.256	0.265	0.271	0.226	0.226	0.226	0.226
0.132	0.132	0.132	0.256	0.226	0.271	0.256	0.132	0.070	0.070	0.132
0.132	0.070	0.000	0.070	0.226	0.271	0.226	0.132	0.070	0.000	0.000
0.226	0.000	0.000	0.000	0.226	0.228	0.256	0.132	0.098	0.000	0.000
0.132	0.070	0.000	0.184	0.256	0.259	0.267	0.256	0.160	0.070	0.070
0.256	0.132	0.132	0.226	0.226	0.271	0.256	0.226	0.226	0.154	0.184
0.256	0.226	0.256	0.226	0.256	0.271	0.271	0.271	0.256	0.158	0.226
0.256	0.226	0.256	0.271	0.271	0.263	0.271	0.256	0.226	0.226	0.256
0.256	0.256	0.256	0.226	0.264	0.238	0.267	0.226	0.223	0.247	0.239

图 7.15　某区域像元混合熵值计算结果

第8章 总结与展望

8.1 总 结

作为一门古老的语言,地图在人类文化传承、科学技术发展等方面始终扮演着重要角色。现代地图学已开始从信息论的角度来研究地图,众多学者借鉴信息的定义与传输特性并结合地图的特点,尝试揭示地图信息的内涵,进而在信息传输理论的基础上研究地图信息传输的原理、过程和方法的理论,并逐渐发展成独立的理论体系——地图信息论。在地图信息论中,地图被认为是人类认识自然的信息载体和客观存在的地理环境的概念模型。

自 Sukhov 将香农熵的概念引入地图学领域以来,地图信息度量一直是地图信息论的核心问题之一,并引起众多学者的关注,开展了许多卓有成效的研究工作,提出了诸多非常有代表性的地图信息度量模型,但一直以来尚没有统一的基本度量模型和计算方法。为了便于促进地图信息论的研究工作开展,本书对地图空间信息度量研究的发展历程及研究进展进行了系统梳理,并结合笔者近年来开展的研究工作,详细阐述了不同类型专题地图和影像地图的空间信息度量模型和计算方法,探讨了地图空间信息度量模型与方法在地图信息传输、地图综合、遥感影像质量评价和遥感影像分类中的初步应用。主要内容如下:

(1)详细阐述了地图信息论的起源与地图信息度量的研究进展,包括地图信息的定义、分类、度量方法及其应用等方面,并归纳总结了地图信息论的基本问题。进而,为了建立合理的地图空间信息度量模型,本书总结分析了不同领域对信息的定义,指出了信息产生的本质,即多样性或差异性特征,并结合地图制图的特点,系统地阐述了地图空间信息的定义、分类方法、度量准则以及基于特征的信息度量数学模型。

(2)系统地研究了点状、线状、面状专题地图及影像地图的空间信息度量方法。构建了"专题地图空间信息认知→空间信息内容构成→空间信息内容描述→空间信息量的层次度量"的研究思路,提出了专题地图空间信息的层次分类和描述方法,包括元素层次的结构形态信息、邻域层次的拓扑邻接信息和整体层次的空间分布信息,分别建立了各层次空间信息度量模型和计算方法。针对遥感影像信息度量,主要是从人类视觉认知特征的角度,分别提出了影像地图光谱、纹理、形状及空间关系信息度量模型。

（3）研究了地图空间信息度量模型与方法在地图数据渐进式传输、地图综合算法性能评价以及遥感影像质量与分类评价等方面的应用。在地图数据渐进式传输控制方面，以面要素为例，结合面要素渐进式传输变化累积模型，研究建立了面要素渐进式传输过程中空间信息量变化分析方法，建立了空间信息传递状况的定量评价指标。在地图综合算法性能评价方面，以最具代表性的线要素化简算法为例，建立了基于层次空间信息量的线要素化简算法性能定量评价方法。在遥感影像质量评价方面，根据视觉系统的内在认知机制，提出了基于信息量的遥感影像质量衰减评价模型。

8.2　展　　望

地图信息论创立半个世纪以来，已成为现代地图学的一个主要研究方向，国内外学者针对地图信息度量这一基础问题开展了大量研究工作，无论在度量模型还是在方法应用上都取得了众多突破性的研究进展。但是，通过对地图信息度量研究工作的梳理和总结分析，笔者认为仍有一些关键问题需要给予更多的关注，或者说，未来该方向研究的重点工作，具体如下：

（1）制图信息与用图信息的关系。地理空间、制图者、地图、用图者和读图环境构成了一个统一的整体，地理空间被制图者认知，形成知识概念，通过符号化变为地图，用图者通过符号识别，在头脑中形成对地理空间的认识，这个过程是一个地图信息传输的过程。在此过程中，由于用图者在背景知识、认知环境等方面的差异，所获取信息量具有主观性。例如，异地旅游人员关注景点设施、商场分布等，而灾后救援人员更加关注地形地貌、救援路径等信息。由于要素分布密集、组织混乱，过于复杂的地图可能会使用户很难获取足够多的信息，使制图信息与用图信息并不是等价关系，或者简单的线性关系。因此，需要由地图载负信息的度量向用图者获取信息的度量发展，从而揭示用户读图的认知规律。

（2）不同空间粒度地图的信息量变化规律。在地图制作和使用过程中，空间粒度影响地图内容表达的详细程度。空间粒度在矢量地图上通过比例尺体现，在影像地图上则以分辨率表示，它们的本质都是对现实世界地物要素抽象（或细节）程度的表征。不同空间粒度地图的数据精度、细节表达程度都不相同，从而导致所载负的信息量必然存在差异。在地图空间粒度变化过程中，地图信息量的变化率不是简单的线性关系。例如，地图综合过程本身就是一种信息衰减的过程，如何确定地图要素表达的详细程度与所载负的地图信息量的关系，以及它们随尺度增大（比例尺减小）的变化规律是地图综合关注的核心问题。

（3）优化地图综合算法性能与地图综合质量。长期以来，地图综合过程中如何合理地选取、简化地图要素，以能够既保持地图整体布局又顾及地图细节特征，始终是地图制图的一个难题。从信息论的角度,地图综合过程本质上又是一个地图信息传输过程,最终目标是使用户获取尽可能多的空间信息。因此,需要结合地图综合过程,从地图信息传输的角度,优化现有的地图综合算法,一方面保持地图空间约束,另一方面确保地图载负空间信息量最大,从而提升地图综合质量。

　　(4)地图信息度量客观评价研究。国内外学者针对地图信息度量问题从香农熵基础模型入手发展了诸多非常有代表性的地图信息度量模型,这些度量模型计算得到的信息量不同,结果也不具有可比性,甚至非常不客观。不难发现,现有模型都难以全面考虑地图载负的信息,这一方面是因为不同模型都是从不同方面认知地图信息,另一方面是因为各种类型地图信息难以进行统一描述和表达。因此,需要遵循从简单到复杂的认知(如几何信息认知和度量方面,从要素几何形态到要素空间分布、从单一类型要素到多种类型要素、从规则要素到不规则要素、从点到线段到折线到多边形等),全面认知地图信息,发展地图信息的统一量化体系,以能够客观反映不同类型、不同内容、不同层面的地图信息量。

参考文献

艾波,艾廷华,唐新明,2010. 矢量河网数据的渐进式传输[J]. 武汉大学学报(信息科学版),35(1):51-54.

艾廷华,2009. 网络地图渐进式传输中的粒度控制与顺序控制[J]. 中国图象图形学报,14(6):999-1006.

艾廷华,郭仁忠,刘耀林,2001. 曲线弯曲深度层次结构的二叉树表达[J]. 测绘学报,30(4):343-348.

艾廷华,李志林,刘耀林,等,2009. 面向流媒体传输的空间数据变化累积模型[J]. 测绘学报,38(6):514-519.

艾廷华,刘耀林,2002. 保持空间分布特征的群点化简方法[J]. 测绘学报,31(2):175-181.

曹雪虹,张宗橙,2004. 信息论与编码[M]. 北京:清华大学出版社.

陈国能,2004. 信息科学的若干理论问题思考——定义、类型及信息流[J]. 中山大学学报(自然科学版),43(6):131-134.

陈杰,邓敏,徐枫,等,2010. 面状地图空间信息度量方法研究[J]. 测绘科学,35(1):74-76.

陈军,李志林,蒋捷,等,2004. 多维动态 GIS 空间数据模型与方法的研究[J]. 武汉大学学报(信息科学版),29(10):858-862.

陈军,刘万增,李志林,等,2006. 线目标间拓扑关系的细化计算方法[J]. 测绘学报,35(3):255-260.

陈军,闫超德,赵仁亮,等,2009. 基于 Voronoi 邻近的移动地图自适应裁剪模型[J]. 测绘学报,38(2):152-155.

陈涛,1994. 地理学是一门空间信息科学[J]. 信阳师范学院学报(自然科学版),7(2):217-220.

陈雪,2006. 信息的通用定义探讨[J]. 情报探索(9):25-26.

程昌秀,陆锋,牛方曲,2006. 栅格地图信息量计算方法的验证分析[J]. 地球信息科学,8(1):127-130.

承继成,郭华东,史文中,2004. 遥感数据的不确定性问题[M]. 北京:科学出版社.

邓冰,2009. 遥感影像信息度量方法研究[D]. 武汉:武汉大学.

邓敏,陈杰,李志林,等,2009. 曲线简化中节点重要性度量方法比较及垂比弦法的改进[J]. 地理与地理信息科学,25(1):40-43.

邓敏,刘启亮,李光强,等,2010b. 基于场论的空间聚类算法[J]. 遥感学报,14(4):694-709.

邓敏,徐震,赵彬彬,等,2010a. 地图概括中空间目标几何信息传递模型研究[J]. 地球信息科学学报,12(5):655-661.

丁险峰,吴洪,张宏江,等,2001. 形状匹配综述[J]. 自动化学报(5):678-694.

傅肃性,2002. 遥感专题分析与地学图谱[M]. 北京:科学出版社.

郭庆胜,黄远林,章莉萍,2008. 曲线的弯曲识别方法研究[J]. 武汉大学学报(信息科学版),33(6):596-599.

何宗宜,1987. 地图信息含量的量测研究[J]. 武汉:测绘科技大学学报,12(1):70-80.

何宗宜,白亭颖,滕艳敏,1996. 用信息方法确定地图的变化信息量[J]. 武汉测绘科技大学学报,21(1):64-68.

霍国庆,1997. 论信息概念及其体系[J]. 晋图学刊(2): 1-9.

江浩,褚衍东,闫浩文,等,2009. 多尺度地理空间点群目标相似关系的计算研究[J]. 地理与地理信息科学,25(6): 1-4.

林承坤,陈钦銮,1959. 下荆江自由河曲形成与演变的探讨[J]. 地理学报(2): 156-188.

林宗坚,张永红,2006. 遥感与地理信息系统数据的信息量及不确定性[J]. 武汉大学学报(信息科学版),31(7): 569-572.

刘长林,1985. 论信息的哲学本性[J]. 中国社会科学(2):103-118.

刘宏林,1992. 地图信息的科学含义再探[J]. 解放军测绘学院学报(2):51-55.

刘慧敏,2012. 地图空间信息量的度量方法研究[D]. 长沙:中南大学.

刘慧敏,邓敏,樊子德,等,2014. 地图上居民地空间信息的特征度量法[J]. 测绘学报,43(10): 1092-1098.

刘慧敏,樊子德,邓敏,等,2012. 地图上等高线信息度量的层次方法研究[J]. 测绘学报,41(5): 777-783.

刘建忠,2007. 基于Strip-Tree的矢量地图渐进式传输的研究[D]. 成都:西南交通大学.

刘鹏程,艾廷华,胡晋山,等,2010. 基于原型模板形状匹配的建筑多边形化简[J]. 武汉大学学报(信息科学版),35(11):1369-1372.

刘启亮,邓敏,石岩,等,2011. 一种基于多约束的空间聚类方法[J]. 测绘学报,40(4):509-516.

刘文锴,乔朝飞,陈云浩,等,2008. 等高线图信息定量度量研究[J]. 武汉大学学报(信息科学版),33(2): 157-159.

刘艳芳,兰泽英,刘洋,等,2009. 基于混合熵模型的遥感分类不确定性的多尺度评价方法研究[J]. 测绘学报,38(1): 82-87.

罗广祥,陈晓羽,赵所毅,2006. 软多边形地图要素弯曲识别模型及其应用研究[J]. 武汉大学学报(信息科学版),31(2):160-163.

马旭东,闫利,曹纬,等,2014. 一种新的利用梯度信息的图像质量评价模型[J]. 武汉大学学报(信息科学版),39(12):1412-1418.

毛政元,2007. 集聚型空间点模式结构信息提取研究[J]. 测绘学报,36(2): 181-186.

偶卫军,姚贤林,1988. 地图信息量的测度——综合特征值量测法[J]. 地图(4):3-7.

钱海忠,武芳,陈波,等,2007. 采用斜拉式弯曲划分的曲线化简方法[J]. 测绘学报,36(4): 443-449.

田晶,艾廷华,2010. 街道渐进式选取的信息传输模型[J]. 武汉大学学报(信息科学版),35(4):415-418.

王红,苏山舞,李玉祥,2009. 基于信息熵的基础地理信息地形数据库中信息量度量方法初探[J]. 地理信息世界,7(6):34-39.

王红,苏山舞,李玉祥,2010. 顾及道路等级的几何信息量量测方法[J]. 测绘科学,35(2):75-77.

王家耀,2007. 我国地图制图学与地理信息工程学科发展研究[J]. 测绘通报(5):1-6.

王雷,2005. 黄土高原数字高程模型(DEM)的地形信息容量研究[D]. 西安:西北大学.

王少一,王昭,杜清运,2007. 顾及地图要素级别的几何信息量量测方法[J]. 测绘科学,32(4):

60-62.

王昭,吴中恒,费立凡,等,2009.基于几何信息熵的面状要素注记配置[J].测绘学报,38(2)：
　　183-188.

王占宏,2004.遥感影像信息量及质量度量模型的研究[D].武汉:武汉大学.

王郑耀,程正兴,汤少杰,2005.基于视觉特征的尺度空间信息量度量[J].中国图象图形学报,10
　　(7)：922-928.

吴华意,章汉武,2007.地理信息服务质量(QoGIS):概念和研究框架[J].武汉大学学报(信息
　　科学版),32(5)：385-388.

吴金建,2014.基于人类视觉系统的图像信息感知和图像质量评价[D].西安:西安电子科技大学.

吴伟文,2012.基于计算机视觉的目标图像检索相关技术的研究[D].广州:华南理工大学.

武芳,邓红艳,钱海忠,等,2009.地图自动综合质量评估模型[M].北京:科学出版社.

毋河海,2004.地图综合基础理论与技术方法研究[M].北京:测绘出版社.

肖强,孙群,安晓亚,2010.点位信息度量模型及其在曲线化简中的应用[J].测绘通报(9)：57-59.

闫浩文,王家耀,2005.基于Voronoi图的点群目标普适综合算法[J].中国图象图形学报,10
　　(5)：633-636.

杨春成,何列松,谢鹏,等,2009.顾及距离与形状相似性的面状地理实体聚类[J].武汉大学学
　　报(信息科学版),34(3)：335-338.

杨春成,张清浦,田向春,等,2004.基于遗传算法的面状地理实体聚类[J].地理与地理信息科
　　学,20(3):12-16.

杨春成,张清浦,田向春,2005.基于簇分解的面状地理实体聚类[J].测绘科学,30(1):52-54.

杨圣枝,2009.地图注记在地图信息传输中的功能分析[J].测绘通报(9):66-68.

张法,2006.地图信息量的量测和评价[J].四川测绘,29(1)：21-24.

张根寿,祝国瑞,1994.面状地图表象的形态研究[J].武汉测绘科技大学学报,19(1):29-36.

张茜,2006.黄土高原不同空间尺度DEM的地形信息量研究[D].西安:西北大学.

张青年,廖克,2001.基于结构分析的曲线概括方法[J].中山大学学报(自然科学版),40(5)：
　　118-121.

张青年,秦建新,2000.面状分布地物群识别与概括的数学形态学方法[J].地理研究,19(1)：
　　93-100.

张盈,张景雄,2015.顾及空间相关性的遥感影像信息量的度量方法[J].测绘学报,44(10)：
　　1117-1124.

祝国瑞,黄采芝,1985.一览图上居民地要素语义信息量的测度[J].武汉测绘学院学报,10(4)：
　　89-96.

祝国瑞,王建华,1995.现代地图分析有关问题的探讨[J].测绘学报,24(1)：77-79.

邹建华,1991.地图信息计量方法探讨[J].解放军测绘学院学报(4):72-77.

AI T H,LI Z L,LIU Y L,2005. Progressive transmission of vector data based on changes
　　accumulation model[C]//Developments in Spatial Data Handling. Berlin:Springer:85-96.

ASHBY W R,1956. An introduction to cybernetics [M]. New York: John Wiley & Sons.

ATTNEAVE F,1954. Some informational aspects of visual perception [J]. Psychological review,61(3)：183-193.

BATCHELOR B G,1980a. Hierarchical shape description based upon convex hulls of concavities [J]. Journal of Cybernetics,10(1/2/3)：205-210.

BATCHELOR B G,1980b. Shape descriptors for labeling concavity trees[J]. Journal of Cybernetics,10(1/2/3)：233-237.

BIEDERMAN I,1987. Recognition-by-components：A theory of human image understanding [J]. Psychological Review,94(2)：115-147.

BIEDERMAN I,1990. Higher-level vision[C]//Visual cognition and action：An invitation to cognitive science. Cambridge：MIT Press：41-72.

BISHOP T F,MCBRATNEY A B,WHELAN B M,2001. Measuring the quality of digital soil maps using information criteria[J]. Geoderma,103(1/2)：95-111.

BJØRKE J T,1994. Information theory：The implications for automated map design [C]// Proceedings of the Conference Europe in Transition：The Context of Geographic Information Systems. Brno：[s. n.]：8-19.

BJØRKE J T,1996. Framework for entropy-based map evaluation[J]. Cartography and Geographical Information Systems,23(2)：78-95.

BJØRKE J T,2003. Generalization of road networks for mobile map services：An information theoretic approach [C]//Proceedings of the 21st International Cartographic Conference. Durban：[s. n.]：127-135.

BULBUL R,FRANK A U,2009. AHD：The alternate hierarchical decomposition of nonconvex polytopes (generalization of a convex polytope based spatial data model)[C]//The 17th International Conference on Geoinformatics. Fairfax：IEEE：1-6.

BUTTENFIELD B P,2002. Transmitting vector geospatial data across the Internet[C]// International Conference on Geographic Information Science. Berlin：Springer：51-64.

CUSHMAN S A,2016，Calculating the configurational entropy of a landscape mosaic[J]. Landscape Ecology,31(3)：481-489.

DOUGLAS D H, PEUCKER T K,1973. Algorithms for the reduction of the number of points required to represent a digitized line or its caricature[J]. Cartographer,10(2)：112-122.

EL BADAWY O,KAMEL M S,2005. Hierarchical representation of 2-D shapes using convex polygons：a contour-based approach [J]. Pattern Recognition Letters,26(7)：865-877.

GAO P,ZHANG H,LI Z,2017. A hierarchy-based solution to calculate the configurational entropy of landscape gradients[J]. Landscape Ecology,32(6)：1133-1146.

HARRIE L,STIGMAR H,2010. An evaluation of measures for quantifying map information [J]. ISPRS Journal of Photogrammetry and Remote Sensing,65(3)：266-274.

HARTLEY R V,1928. Transmission of information [J]. The Bell System Technical Journal,7 (3)：535-563.

HOFFMAN D D, RICHARDS W A,1984. Parts of recognition[J]. Cognition,18(1/2/3)：65-96.

HOFFMAN D D,SINGH M,1997. Salience of visual parts [J]. Cognition,63(1): 29-78.

KOLÁCNÝ A,1969. Cartographic information: A fundamental concept and term in modern cartography[J]. The Cartographic Journal,6(1): 47-49.

KULLBACK S,2004. Information[M]// KOTZ S,READ C B,BALAKRISHNAN N,et al. Encyclopedia of Statistical Sciences. Washington:John Wiley & Sons.

LANG T,1969. Rules for Robot Draughtsman[J]. Geographical,42: 50-51.

LATECKI L J,LAKÄMPER R,1999. Convexity rule for shape decomposition based on discrete contour evolution[J]. Computer Vision and Image Understanding,73(3): 441-454.

LI Z,2007. Algorithmic foundation of multi-scale spatial representation[M]. Boca Raton:CRC Press.

LI Z L, HUANG P Z, 2002. Quantitative measures for spatial information of maps[J]. International Journal of Geographical Information Science,16(7): 699-709.

LIN Z,DENG B,2008. Quantifying degrees of information in remote sensing imagery [C]// Proceedings of the 8th International Symposium on Spatial Accuracy Assessment in Natural Resources and Environmental Sciences. Shanghai:World Academic Press:201-205.

LIU H R,LIU W Y,LATECKI L J,2010. Convex shape decomposition[C]//IEEE Computer Society Conference on Computer Vision and Pattern Recognition. San Francisco:IEEE:97-104.

LONGO G,1975. Information theory new trends and open problems[M]. Berlin: Springer: 1-340.

MARR D,NISHIHARA H,1978. Representation and recognition of three-dimensional shapes [J]. Proceedings of the Royal Society of London,200(1): 269-294.

MARR D,VAINA L,1982. Representation and recognition of the movements of shapes[J]. Proceedings of the Royal Society B(Biological Sciences),214(1197): 501-524.

NAKO B,MITTROPOULOS V,2003. Local length ratio as a measure of critical point detection for line simplification [C]//The Symposium of the 5th ICA Workshop on progress in Automated Map Generalization. Paris:[s. n.]:28-30.

NEUMANN J, 1994. The topological information content of a map: An attempt at a rehabilitation of information theory in cartography[J]. Cartographica,31(1): 26-34.

NG R T,HAN J W,1994. Efficient and effective clustering methods for spatial data mining [C]//Proceedings of the 20th International Conference on Very Large Data Bases. San Francisco:Morgan Kaufmann Publishers: 144-155.

OPHEIM H,1982. Fast data reduction of a digitized curve [J]. Geo-Processing,2: 33-40.

PALMER S E, 1977. Hierarchical structure in perceptual representation [J]. Cognitive Psychology,9: 441-474.

REUMANN K,1974. Optimizing curve segmentation in computer graphics[C]//Proceeding of the 1973 International Computing Symposium. Amsterdam: North Holl and Publishing: 467-472.

ROBINSON A,1952. The look of maps[M]. Madison:University of Wisconsin Press.

RUBINSTEIN R Y,1997. Optimization of computer simulation models with rare events[J]. European Journal of Operational Research,99(1):89-112.

RUBINSTEIN R Y, 1999. The simulated entropy method for combinatorial and continous optimization [J]. Methodology and Computing in Applied Probability,2:127-190.

RUBINSTEIN R Y,KROSES D P,2004. The cross-entropy method[J]. Information Science and Statistics,1:341-357.

SHANNON C E, 1948. A mathematical theory of communication [J]. The Bell System Technical Journal,27(3):379-423.

SIDDIQI K, KIMIA B B, 1995. Parts of visual form: computational aspects [J]. IEEE Transactions on Pattern Analysis and Machine Intelligence,17(3): 239-251.

SKLANSKY J,CHAZIN R L, HANSEN B J,1972. Minimum-perimeter polygons of digitized silhouettes[J]. IEEE Transactions on Computers,100(3): 260-268.

SUKHOV V I,1970. Application of information theory in generalization of map contents[J]. International Yearbook of Cartography,1:41-47.

SUKHOV V I,1967. Information capacity of a map entropy[J]. Geodesy and Aerophotography, 10(4):212-215.

TAMURA H,MORI S J,YAMAWAKI T,1978. Textural features corresponding to visual perception[J]. IEEE Transactions on Systems,man,and cybernetics,8(6): 460-473.

TEH C H,CHIN R T,1989. On the detection of dominant points on digital curves[J]. IEEE Transactions on Pattern Analysis and Machine Intelligence,11(8): 859-872.

VISVALINGAM M,WHYATT J D,1993. Line generalisation by repeated elimination of points [J]. The Cartographic Journal,30(1):46-51.

WANG Z,MULLER J C,1998. Line generalization based on analysis of shape characteristics [J]. Cartography and Geographic of Shape Characteristics, Cartography and Geographic Information Systems,25(1): 3-15.

WHELAN B M, MCBRATNEY A B,1998. Prediction uncertainty and implications for digital map resolution [C]//Proceedings of the Fourth International Conference on Precision Agriculture. Madison:John Wiley & Sons: 1185-1196.

WHITE E R,1985. Assessment of line-generalization algorithms using characteristic points[J]. American Cartographer,12(1):17-28.

WU H,ZHU H, LIU Y, 2004. A raster-based map information measurement for QoS[C]// Proceedings of ISPRS. Istanbul:[s.n.]: 365-370.

XU J N, 1997. Hierarchical representation of 2-D shapes using convex polygons: A morphological approach [J]. Pattern Recognition Letters,18 (10): 1009-1017.

YAN H W, WEIBEL R, 2008. An algorithm for point cluster generalization based on the Voronoi diagram[J]. Computers & Geosciences,34(8): 939-954.

ZHAO Z,SAALFELD A, 1997. Linear-time sleeve-fitting polyline simplification algorithms [C]//Proceedings of AutoCarto,13: 214-223.